文亮 —— 编著

未来会怎样，用力走下去就会知道

民主与建设出版社
·北京·

©民主与建设出版社，2024

图书在版编目(CIP)数据

未来会怎样，用力走下去就会知道 / 文亮编著. -- 北京：民主与建设出版社，2018.10（2024.6重印）

ISBN 978-7-5139-1918-0

Ⅰ.①未… Ⅱ.①文… Ⅲ.①成功心理－通俗读物 Ⅳ.①B848.4-49

中国版本图书馆CIP数据核字（2018）第012400号

未来会怎样，用力走下去就会知道
WEILAI HUI ZENYANG, YONGLI ZOUXIAQU JIUHUI ZHIDAO

著　　者	文　亮
责任编辑	王　倩
出版发行	民主与建设出版社有限责任公司
电　　话	（010）59417747　59419778
社　　址	北京市海淀区西三环中路10号望海楼E座7层
邮　　编	100142
印　　刷	三河市同力彩印有限公司
版　　次	2019年2月第1版
印　　次	2024年6月第2次印刷
开　　本	880mm×1230mm　1/32
印　　张	6
字　　数	180千字
书　　号	ISBN 978-7-5139-1918-0
定　　价	48.00 元

注：如有印、装质量问题，请与出版社联系。

CONTENTS 目录

CHAPTER 01
没有什么能一下子打垮你

002 / 逼自己做不想做的事，才有机会做自己想做的事

007 / 别天真了，年龄才不会打垮你

011 / 吃点苦能让你更快长大

014 / 感谢贫穷，它让我更快地成长

022 / 乐观一些，所有的困难都能扛过去

031 / 迷茫不是你一辈子的避风港，你要勇敢尝试突破

035 / 那些吃过的苦都是你人生的勋章

040 / 年龄从不是阻碍你选择喜欢的生活方式的借口

CHAPTER 02
把自己变得比过去强一点

048 / 别说什么本可以，你倒是去行动啊

052 / 放心，你的努力才不会白费

057 / 敢于直面这世界丑陋的一面

066 / 你之所以不快乐，是因为你不知道要什么

070 / 你之所以烦恼重重，是因为你还不够强大

073 / 让自己强大到不再受委屈

078 / 因为穷过，你才更富有

085 / 之所以要奋斗，是因为想成为那个更好的自己

CHAPTER 03
诚实地活成自己想成为的样子

092 / 别人看你的眼光，取决于你如何看待和要求自己

096 / 奋斗的路上，别忘了自己想要的是什么

100 / 敢于接受自己的错误

104 / 极简生活从回到最初的模样开始

107 / 坦荡地应对世界，温柔地爱着自己

114 / 物质生活再好，精神生活跟不上也是白搭

118 / 喜欢比努力更重要

123 / 想要靠近梦想，你得先打败你自己

127 / 最快乐的事莫过于做最真实的自己

CHAPTER 04
好运气都是你自己攒来的

132 / 别让太懂事捆绑了你的未来

136 / 付出与收获是成正比的

140 / 拒绝抱怨，选择改变

143 / 每天有收获便是快乐

146 / 你不会一直过得很好，也不会一直过得很糟

150 / 你的良善会为你带来惊喜

154 / 你人生的方向来自你阅读的积累

158 / 你认真做事的态度，能吸引你的贵人

CHAPTER 05
用力走下去才能知道未来

162 / 跌倒了记得爬起来，别让你的人生白来一场

166 / 你的足够努力会为你带来好运

170 / 你梦想的火种，别被任何冷眼浇灭了

176 / 人生就像是一场远行，但请风雨兼程

180 / 未来有无数可能，你需要逼自己一把

CHAPTER 01

没有什么
能一下子打垮你

只有在勇敢面对的时候,
我们才知道我们有多坚强。
勇敢地做自己,
不要为任何人而改变。
如果他们不能接受最差的你,
也不配拥有最好的你。

你只有不停跌倒,
才能学会怎样用自己的力量站在大地上。

人都是被逼出来的，人的潜能是无限的，安于现状，你将逐步被淘汰。逼自己一把，突破自我，你将创造奇迹，千万不要对自己说"不可能"。树的方向，风决定；人的方向，自己决定。

逼自己做不想做的事，才有机会做自己想做的事

昨天和朋友柚子逛街，聊到她目前的一些困扰。

柚子是一个不太善于沟通的人。工作上，她很少主动和带自己的法官沟通，每次都只是默默完成对方交代的任务，再无交流；进修时，她去参加讲座，她有问题想问，已经在脑海里组织好语言了，现场人也不多，她却没勇气开口。

柚子的困扰，让我想起一位前辈——张小姐。

张小姐是某公司的经理，不到40岁，财务自由，玩得一手好基金，房地产买到美帝去。在几百人的剧场做分享，她谈笑风生，从容自得，一副游刃有余的样子。

她对我们说："无论何时何地，你都要想办法让别人记住你，最好永远忘不掉你。"

我被这句话触动了——当时，我一直在寻求提高存在感的办法。尽管那时候我不太敢举手，却还是强迫自己向她发问："有一些人天生不善于表现自己，该怎么办呢？"

张小姐闻言，给我们讲了她的故事。

其实，她不是天生爱表现的人，性格比较内向。在刚参加工作的前几年，她不爱出风头，一想到被众人目光聚焦的感觉，心里就七上八下，紧张不已。她很少表达自己的观点，因此存在感极低。

有一次，她和同行小柯因为业务上的关系结识了。

她和小柯提起："其实，我们一年前一起参加过一次培训。"

小柯一脸迷茫，努力回忆了一下，还是坦诚地表示不记得了。

张小姐心里有点失落。

她突然意识到，自己工作两三年来，一直在原地踏步，正是因为她从来不逼自己去当众表现——你从不表达观点，别人就不会知道你的看法；你从不发言提问，别人就会忽略你的存在。

没有人会注意你，没有人会赞扬你，没有人会羡慕你。你就这样被忘了，即使已经工作了两三年，在大家眼里也不过只是个可有可无的透明人。

张小姐所在的企业是一家跨国公司，时常要开远程会议。以前每次开会，她从不过多发言。通常是总部代表讲完后，问还有什么问题不清楚，其他七个国家的代表依次提问。最后总部代表问，中国人有没有什么意见？

这时候，问题差不多都被其他人问完，张小姐只能说"没有"。张小姐不甘心永远这样沉默下去，于是下定决心，逼自己改变。

她暗暗给自己定下任务——每次视频会议，一定要抢在第一个提问，哪怕只是问"刚才讲到的×××能再解释一下吗"。

从一开始的头皮发麻，到后来越来越自然流畅，张小姐渐渐喜欢上了积极表达的感觉。

起初，她很担心自己的提问会没水平，被别人笑话。但后来她发现，如果逼着自己提问，就会下意识地更认真地去倾听和思考，最后问出来的问题，往往是很有质量的。

因为逼着自己去表达，她在同事的眼里，逐渐从"啊，我想想，她人还不错吧"的小透明，成长为"很有想法""很有见解"的业务骨干。

张小姐对年轻人的奉劝是：永远选择不安定的方向。如果对人生方向犹豫不决的话，就往变化激烈的方向走。逼着自己离开舒适区，你才能快速成长。

说到该选择什么样的职业，张小姐甚至开玩笑说："千万别选爸妈让你选的工作。"

譬如，她就没有听爸妈的话，在当地谋一个铁饭碗，做一成不变而毫无挑战性的工作，而是选择了进入竞争激烈的外企，逼着自己每天快速学习、边学边用，每天都在逼自己迎接挑战，每天都在突破自己、超越自己，一天天成长起来。

某品牌亚太区总经理董先生，也有着类似的心得。

董先生的人生转折点，发生在34岁那一年。在此之前，他只是庞大集团的一颗小小螺丝钉，薪水勉强能供给妻子和刚刚出生的孩子生活所需。2000年时，公司想要外派总部员工开拓中东、非洲等地的空白市场。当时，候选人除了董先生外，还有几个和他资历相仿的同事。

包括董先生在内的几位候选人都犹豫着，外派虽然是升职加薪的跳板，可也意味着要背井离乡，在陌生的国度东奔西走，还时刻顶着单枪匹马开拓市场的巨大压力。

其他几个人最终选择了放弃这个机会，而董先生决定逼自己一把，走出舒适区，踏上了外派之路。

当时，公司没给他一兵一卒，他只身上任，一个人拿着行李就去了阿拉伯。7年外派，他飞来飞去，以至于早上醒来会不知道自己在哪里。他在印度做行销，办Roadshow（街头商品展示），租了3台卡车，让使用者到卡车上体验产品，如果觉得好就用卡车把他们载到附近店里去买。以这样的方式，他亲自跟着卡车，跑遍了印度整整81个城市。

这7年时间里，他帮公司打开了阿联酋、伊朗、以色列、哈萨克斯坦、乌兹别克斯坦等国家的市场。外派回国，他成为公司的亚太区总经理，为人信服。

在贫穷落后的印度，在纸醉金迷的迪拜，在各种巨大的文化差异下，他经历过艰难，忍受过孤独，也有过退却之心，但他逼迫着自己坚持下去，继续披荆斩棘、开疆辟土。

不逼自己一把，你永远不知道你有多优秀；不逼自己一把，你永远不知道自己有多大潜能。很多"优秀"，就是这么被逼出来的。逼自己不要懒惰、不能胆怯、不准退缩，逼自己从舒适圈里走出来，让自己在一场场硬战中日趋成熟。

面对人生抉择时，退一步，并不会海阔天空。你一次次退让，其实是在拱手交出对生活的选择权。你不逼迫自己，到了最后，就只能为生活所迫，被动地束手就擒。

我也问过自己：总是逼自己，那人活着到底是为了什么呢？

前段时间，我采访了几个瘦身成功的女孩。其中一位，3个月瘦了15公斤，骨骼肌从22.5公斤上涨至24公斤，胸部从C CUP（C罩杯）升到了D CUP（D罩杯）。

减肥的那3个月里，她逼着自己每天下午下班后，7点赶到健身房，做拉伸运动到8点，做有氧运动45分钟，再拉伸到9点。回到家，已经是夜里10点了。有的时候要加班，她就一大早7点去上课。

公司发蛋糕，她把蛋糕分给所有人，自己不敢吃，眼巴巴地问同事好不好吃。

加班时叫外卖，同事们点了麦当劳，她就只敢点一份土豆泥，用水泡过后再吃。

她说："我想试试看，这么多年来，我究竟能不能坚持下来一件事。"

逼自己坚持3个月，当然不容易啊。可是瘦下来以后，就可以穿尽显腰身的裙子，就可以不用在自拍时拼命找角度，就可以随意地晒锁骨和人鱼线……

你现在逼自己做不想做的事，是为了将来能尽情地做想做的事。

现在的你，逼着自己去成长，去变成更好的样子，把握人生的主动权，将来才不会为形势所迫，被驱赶着艰难前行。我们逼迫自己努力，是在为将来争取随时任性的权利。

有时候，人要逼着自己去成长——别偷懒，别胆怯，别退却。"进"一步，才能看到海阔天空。

你不得不逼着自己更优秀，因为身后有许多人等着看你的笑话。所以要对自己狠一点，逼自己努力，再过5年你将会感谢今天发狠的自己，恨透今天懒惰自卑的自己。每天告诉自己"我会变得更好"。愿你在薄情的世界里深情地活着。

"18岁你该读大学了,25岁你得结婚了,30岁你得生孩子了……什么时间就该做什么事!"什么鬼啊,我不接受!难道我80岁的时候就该死了吗?没有某个年龄该做的事,只有这个年龄想做的事。我一点都不想祝你成长为一个出色的大人,我就想祝你永远不要把世界活成理所当然的样子。

别天真了,年龄才不会打垮你

[也许你适合走得慢一点]

王朔写过一篇文章,标题很调皮,叫《唯一让我欣慰的是,你也不会年轻很久》。

他说自己永远活在25岁,直到有一天,看到一个令他很心动的姑娘,心里第一个念头竟然是:"这个姑娘对我来说会不会有点小?"这时,他才感觉到,原来在爱情面前要服输。

我也是一个对年龄特别不敏感的人,从没有给自己设置过任何年龄限制。觉得年龄这东西,除了在某些极限运动或者爱情(主要指生育)方面,的确起到一条金线的作用以外,对于人生的大多数事情而言,年龄都不是问题。

即使大公司招聘,"35岁以下"的年龄要求下面,也常常跟着"特殊人才可放宽限制"的话。更何况如今越来越多的人,把自己活成了U盘,即插即用,不依托于哪个公司哪个组织,已经不再是公司而是做自己的老板。

我面前曾经坐着一个26岁的姑娘,她的目标是30岁以前找到自己喜欢的人与事,然后相伴一生。

"如果30岁还没找到,我就认输,随便混了。"

她的指尖在茶杯的边沿处一圈圈划过,仿佛那里面藏着一个慈悲的救世主,可以因为貌美如花的她撒娇,而将一颗许愿星放在她手里。

我忍不住回想自己的30岁,如今我爱的人与事,都不是在这个年龄之前搞定的。我将自己最宝贵的二十多岁浪费在一家暮气沉沉的国企里,但这丝毫没有妨碍我在30岁之后奔赴新生活的步伐。

像张爱玲说的"出名要趁早",在30岁之前,获得名气、财富、爱情与婚姻,知道自己想要什么,能做什么,当然是一件好事。然而,你又怎么知道你是否是另外一种人:适合在30岁之前走得慢一点,积累足够的勇气,在30岁之后迈出坚毅沉稳的步伐?

[每一个年龄段都要放下一些东西]

关于年龄的紧迫感,每个人都有。

当你发现主管比自己年轻,风投开始青睐90后,在你出生那年创立的品牌,90%已经灰飞烟灭,剩下的也会在商标下面加一个"Since××年",以显示与百年老店的近亲关系,你会觉得时间像是被一下子偷走的,而不是一天天过完的。

然而,因为年龄的紧迫感而给自己设置做某事的年龄限制,并不会因此让时间放慢脚步,只会增加更多的焦虑。

这不是为自己负责,而是对岁月撒娇。让我想起我4岁的小女儿,每当她担心我不答应她某件事,就会说"如果你现在不答应我,以后给我我也不要了"。

既是撒娇，更是因为没把握与怕输，所以要画一条年龄的金线为自己遮羞。无论这条金线画在30岁还是40岁，所显示的都是你既放不下欲望，又信心不足。

20岁的时候，我特别想让男朋友送我一条有镂空花纹的围巾，当时在商场看到，价格不菲。

30岁的时候，我鄙视一切镂空与蕾丝，深深为它们身上的廉价感震惊。

我当然不会承认是因为我的身材再也无法穿蕾丝黑背心与短得不能再短的红色热裤，挤在公共汽车里，享受身后男生的指指点点：哇，这女孩身材真好！

人在每一个年龄段都会放下一些东西，这样的放下，与输赢无关。它是对自我需要更加具有自知之明后的选择。

[与年轻相比，选择权更重要]

生活不易，人干吗要跟自己过不去呢？当你发现，有许多衣服已经不再适合你，与其悲伤岁月是把杀猪刀，不如欣喜若狂地认为自己的品位果然随着岁月的积淀而突飞猛进。

你不再是一个随便的姑娘，不再随便换个工作，不再随便买件衣服，不再随便谈一次恋爱。这不代表你老了，而是代表你终于有选择的资格与能力了。

与年轻相比，选择权更重要。

能穿薄、露、透的衣服的时候，你在害羞；穿不了的时候，你在后悔。这是我心目中唯一可称为"输"掉的人生。

人的一生，就是在不断与自己做生意，无论什么年龄，我们都不能做赔本的买卖。当你决定或者身不由己地要放弃一件事时，一定要拿出等量的得到来交换。

放弃事业的奋斗，就要交换生活的安稳，在业余爱好中获得成就感。

放弃爱情的追逐，就要交换一个人的清静、自足，或者为婚姻而婚姻的现世安稳。

放弃稳定的工作与生活，就要交换十分的努力，去成就一个时刻鸡血在线的人。

［失去的留不住，得到的最重要］

对于一个忙着与上帝讨价还价的人来说，什么年龄应该认输，这真是个难题。

只能说，不管什么年龄，都有得到与失去。这不是年龄的悲哀，而是生而为人的宿命。不要为失去的而悲伤，以为那就是年轻时的光耀；更不要因为失去，而将你并不看重的东西，加持了宝贵的光芒。

失去的留不住，得到的最重要。

当息影多年的山口百惠，拿到日本最高规格拼布大赛的奖项时，她不是大明星，而是一个可以安静下来，与宁静、耐心做朋友的女人。你很难说清楚，做大明星和做拼布的主妇究竟哪个更幸福。

或者所有这些，只是一个幸福女人的不同阶段。幸福就像一壶茶、一碗汤，当你喝完了这一碗，就要期待下一碗。人与人之间的区别，不是谁能永远年轻，而是你在怀念上一碗，还是期待下一碗。

愿我们永远做期待下一碗的人，满怀热情地投入更加得心应手的新生活。如此，无论到什么样的年龄，都不必认输。

我们对年龄有恐惧，其实并不是因为年龄增长所带来的苍老，而是因为随着年龄的增长，我们仍然一无所得。年龄从来不是界限，除非你自己拿来为难自己。愿你活出自己想要的人生，无论何时，年华都盛开。

每个人都会有一段异常艰难的时光——生活的窘迫，学业的压力，工作的失意，恋爱的惶惶不可终日。挺过来的，人生就会豁然开朗；挺不过来的，时间也会教会你怎么与它们握手言和，所以你都不必害怕。

吃点苦能让你更快长大

[01]

前几天，我和朋友一起逛街，在路边看到一个卖甘蔗的小男孩。他只有十来岁，身旁摆着一只旧水桶，里面装满了甘蔗。

朋友向小男孩靠近，指着那只水桶问："你这里面的甘蔗多少钱一节？"

小男孩眨巴着眼睛，望着朋友回答说："两块钱一节，很甜的，这是我自己家里种的。"

朋友笑呵呵地从口袋里掏出几个硬币，拉着我的衣服说："你帮我挑两节甘蔗吧，我付钱。"

朋友是北方人，很少吃到这种东西，因而对挑选甘蔗没有什么经验。

那只水桶很老旧，里面装了很多甘蔗，它们正拼尽全力地吮吸着桶底的清水。我弯下腰，注视着它们，水桶里的倒影不禁让我想起了我卖甘蔗的童年时光。

[02]

我9岁那年,在外头打工的阿妈被阿爸赶回了老家。阿爸说,阿妈的眼睛不好使,找不到任何一份工作,还不如回家种田。

而那个时候正好要开学,我和阿弟都急着要一笔学费。但阿爸只给阿妈买了一张回老家的火车票,并没有让阿妈带钱给我和阿弟读书。那时候,没有钱是不能报名上学的。因此,我和阿弟每天醒来的第一件事便是围着阿妈呜呜地哭。阿妈瞅了瞅我们,然后也坐在灶前擦拭着眼睛,一言不发。

每次邻居看到这种情形,就会劝阿妈去管我奶奶借点钱,帮我们兄弟俩交学费。但阿妈和奶奶的关系一直不是很好,奶奶会骂阿妈没用,阿妈会骂奶奶不近人情。

她们隔三岔五就会闹矛盾。但后来不知道什么原因,也许是我们穷得实在揭不开锅,阿妈只好低下头向奶奶认错,奶奶才答应阿妈把园子里的农作物分给我们吃。

奶奶的园子很大,种了许多蔬菜瓜果,尤其是那块甘蔗地,让我们看了会禁不住流口水。

为了把菜地里的农作物换成我和阿弟的学费,阿妈去集市上卖蔬菜,我就去村口的加油站卖甘蔗。加油站坐落在公路的中心地带,是人们去小镇或县城的必经之地。每当大巴开到这里,总会停上三四分钟。

那时候,我一心想快点攒够钱好读书,所以每天一大早起来就开始洗甘蔗,用菜刀把甘蔗分成一节一节,装进桶里,早饭都顾不上吃就跑去加油站。

等到了加油站,太阳也刚好毒辣起来。我紧张地躲在小树底下等着过往的大巴和人群。只要一听见大巴刹车的声音,我就立马从水桶里捞起几节甘蔗,站在凳子上朝车窗里的人问去:"大哥哥、大姐姐,你们买甘蔗吗?这是我家种的,很甜的!"

……

[03]

其实,在我家那个小县城,甘蔗并不好卖,因为大多数人家都自己种了,真正能问津的也只有那些城里人。但那时候我不能明白的是,为什么每次我去卖甘蔗,总会有那么一群人喜欢买我的甘蔗,然后当着我的面大口大口地咬着吃,像是很馋、很好吃的样子。

直到长大以后我才明白,或许大家都愿意帮助那些一时贫穷却敢于吃苦的孩子吧。可能在他们看来,这样的孩子从小就敢于直面苦难,学会劳动,帮大人们减轻负担,这是一种能让人为之动容并感到温暖踏实的精神力量。

俄国作家陀思妥耶夫斯基说:"我一直在考虑一件事情,那就是,我是否对得起我所经历过的那些苦难。苦难是什么?苦难应该是土壤,只要你愿意把你内心所有的感受隐忍在这个土壤里面,很有可能会开出你想象不到的、灿烂的花朵。"

年轻时,吃一点苦真的没有关系。当我们走过不少坎坷,吃了不少苦,我们才会被磨炼成一个不怕困难、乐观向上、懂得坚持、热爱生活、感恩生命的人,就好像那一株正在慢慢绽放光彩的木棉。

20到30岁是人生最艰苦的一段岁月,承担着渐长的责任,拿着与工作量不匹配的薪水,艰难地权衡事业和感情,不情愿地建立人脉,好像这个不知所措的年纪一切都那么不尽如人意,但你总得撑下去。不要既配不上自己的野心,也辜负了所受的苦难;不要只因一次挫败就迷失了最初的方向。

人生总要吃苦，把你的一生泡在蜜罐里，你也感觉不到甜的滋味。因为有了苦味，我们才知道守候与珍惜，守候平淡与宁静，珍惜活着的时光。总有些苦是必须要吃的，今天不苦学，少了精神的滋养，明天注定会空虚；今天不苦练，少了技能的支撑，明天注定会贫穷。为了以后的充实与富有，苦在当下其实很值得。

感谢贫穷，它让我更快地成长

[我是穷养长大的女孩]

"穷养儿子富养女"，这大概是民间流传最为广泛的一句古训。很多人将这句话视为金科玉律，也有很多人发出反对的声音。

与这句古训相悖的是：我是穷养长大的女孩。

我说的"穷养"，不是父母帮我选择的教育方式。而是，那会儿，我家确实穷，毫无选择，我只能被穷养。

穷到什么程度呢？

7岁，是我看安徒生童话的年龄。我有一个"公主梦"，渴望拥有一个洋娃娃。

有次和妈妈赶完集回家时，我在小摊上看见一个布艺小娃娃，是摊主手工缝制的。现在回想起来，那个布艺娃娃有中指那么长，三条粗粗的黑色棉线分别为眼睛、嘴巴，做工极为粗糙，价格是1元。我紧紧拉住妈妈的手,央求妈妈给我买下。妈妈不同意。那会儿,拥有一个布艺娃娃,对我来说,简直是一种奢侈啊。我性格倔强,又加上委屈,在集市上哭闹起来。妈妈既尴尬又生气,硬是把我拉走了。后来跟妈妈回想起这段往事,妈妈眼圈发红,说:"那次,买完菜,浑身上下就只剩下两毛钱了。"

初中时,学校在镇上,从家到学校有十几里路,中午得在学校吃饭。学校里有餐厅,饭菜很便宜,一两元钱就可以吃得好。为了省钱,我去餐厅买饭的次数寥寥无几,初中三年的午饭,我吃的几乎都是从家里带的馒头和咸菜。

高中是在市区读的,学校是封闭式管理,只有周三下午和周末是开放时间。周三下午,家长们会带着各种好吃的来看望自己的孩子。整个宿舍只有我来自农村,其他女孩子都是市区里的。家长来看她们时,给他们带来糖醋排骨、鸡肉、鱼、虾……这些是我们家只有在过年才可以吃到的东西,有时候甚至过年都吃不上。妈妈们都和蔼可亲地劝自己的孩子好好吃饭,说:"多吃一点儿,你看看你,又瘦了,学习很累吧?"因为离家远,路费又太贵,爸妈很少来看我。

我自己坐在一旁冷冷清清很是尴尬。之后,每个周三下午,我都会拿上一本书坐在操场上,和夕阳为伴。没有多少诗情画意,只是为了避开家长们和美食,还有那份浓浓的温情。

大一入学前3个月,我每月生活费是100元(其实500元才可以满足温饱)。后来生活费就没了,嗯,就是没了……3个月后的生活费和学费都是我打工赚出来的,每个周末去打工,元旦、劳动节、国庆节都去打工,寒暑假从来没有回过家,自己忙得连谈恋爱的时间都没有,就这样,磕磕绊绊,总算把大学读完了。

大学刚毕业那年,爸爸跟着包工头建筑作业时脚一滑,从五楼摔了下来。当时妈妈给我电话,哭着说:"赶紧回家,好像你爸爸快不行了……"我听后大脑一片空白,转而强迫自己定住神,轻声安慰妈妈:

"没事儿,肯定没事儿。"

我冲进火车站买了最早的车次。在火车上,树木从窗前快速闪过,往事也一幕幕在脑海中闪过。我想起爸爸给我做的风车,他带我去麦地里放风筝,幼儿园有捣蛋鬼欺负我时他帮我"教训"别人。不管我长多大,爸爸都是我最温暖的靠山。现在自己好不容易毕业了,万一爸爸有个三长两短,我再也无法报答他了。想到这儿,我的泪水决堤,再也止不住。

到了医院,看见爸爸昏迷不醒,我开始恐惧,跑去找医生,医生告诉我:"你爸爸命大啊,没有生命危险,只是摔断了六根肋骨,肺部有些戳伤,消消炎,慢慢养,就会好起来。"

医生短短的一句话,却让我蹲在走廊上痛哭了半个小时。我心里高兴,就像埋在灰烬中的希望再次被点燃。可我只想哭,大声哭!走廊上来来往往的人很多,有的人停下看看我,再走开。还好,还好,谢天谢地,爸爸没事儿,只要爸爸还活着,一切都好,一切都好!

爸爸是家里的顶梁柱,爸爸一倒下,很多人害怕了,纷纷来我家讨债,我钱包里只有800元钱,来一个人就给他们一百两百,然后向他们许诺:"你们放心,我已经毕业了,钱,我会使劲儿去挣,慢慢还你们!"

为了还债,爸爸把房子卖了,可卖房子的钱微乎其微。那天,妹妹给我打电话,说着说着哭了起来。我知道,那座房子,承载了我们太多美好的记忆。

那一刻,我下定决心:爸爸妈妈因为生活受了多大委屈,我就让他们享多大的清福!

[父母对贫穷的态度]

那时家里的物质条件就是这种情况:穷到山穷水尽,穷到日暮途穷。但是,父母并没有对我跟妹妹进行精神上的"穷养"。

爸爸妈妈对贫穷并无多少怨言。他们经常对我和妹妹说的一句话是：人穷没关系，怕的是又穷又懒惰。虽然家里物质生活匮乏，但爸妈并没有自暴自弃，一直勤勤恳恳赚钱。虽然，赚的钱只是杯水车薪。

在这种条件下，爸爸妈妈省吃俭用，坚持供我跟妹妹读书。他们一直相信：读书是改变农村孩子命运的唯一出路。

妈妈年少时考上了高中，因为家里没钱，辍学了。但是，她一直喜欢读书，每本书都做读书笔记。我家里有一摞书，印象最深刻的是琼瑶的《几度夕阳红》和金庸的《雪山飞狐》，读小学一二年级时，这些书已被我翻看了无数遍，至今犹记得那些泛黄书页中传递的侠骨柔情。妈妈培养了我的爱好——读书，跟她一样，我也喜欢做读书笔记。

那时我家的模样就是现在传说中的"偏远农村"，破旧的土房子，家徒四壁。但是他们每天起床后，都会把破旧的家具擦得一尘不染，把衣橱里的衣服叠得整整齐齐。院子里种的月季啦，夹竹桃啦，开花时，院子里一片芬芳。每个人来我家都会感叹一句：收拾得真干净！

即使在落魄的时候，也要认认真真、踏踏实实去生活，要积极，有精气神，不能得过且过。这是他们教会我的。

有很多人会戴着有色眼镜来看农村的孩子，"美名"曰："乡下人"！在他们的印象中，乡下人土里土气，乡下人缺乏规矩，乡下人容易自暴自弃。

其实，优秀的品质和生活习惯跟是否"贫穷"和"穷养"并没有必然联系，这取决于父母对贫穷的态度，取决于父母的言传身教和爱的能力。

[贫穷对身心造成的影响和解决方法]

虽然爸爸妈妈竭尽全力在精神上"富养"我们，但是由于物质方面的极度匮乏，难免对身心造成不好的影响。

1. 贫穷会带来性格上的缺陷

爸爸妈妈为了赚钱去县里打工。从两三岁开始,我就跟着奶奶和姥姥一起生活,再加上父母对我们的教育相当严厉,相对于奶奶和姥姥,我跟父母的关系比较疏远。

说着说着就提到了原生家庭对一个人的影响。因为不常跟爸爸妈妈一起生活,自己内心极度缺乏安全感。我经常会在刹那间失落,那种感觉,像掉进淤泥中一样,我感觉到自己在一点点沦陷,拼命想挣脱却挣脱不出来,有一种无法言说的无力感。

后来才知道,这是缺乏安全感的一种表现。

有句话说:"如果真的有时光机可以回到某个时刻,我只想回去抱抱小时候的自己。"听起来真的很辛酸。

高中时,我开始跟周围同学格格不入,这是自卑引起的。而引起这种自卑的根源就是贫穷。

大一那年,我围着操场跑步,记得那天天很蓝,心情和状态很好,我绕着操场跑了一圈又一圈,超过了自己的预定目标。突然间,我想,自己不能再沉浸在负面情绪里不能自拔了,再这样下去,我的人生就会毁灭掉。

我想,或许,每个人内心都有一种积极向上的力量,或者说是潜能。这种力量会慢慢积攒,在某一刻会发生质变,发出耀眼的光芒。

那天,我开始思索,试着接纳自己。

我开始进行自我调整,强迫自己要微笑,要乐观。慢慢地,我学会了幽默,学会了自嘲。

我意识到,贫穷并非原罪。我开始坦然接受贫穷,就像接受一个并不让人待见的朋友。

当别人邀请我去唱歌时,我会坦然拒绝:对不起啊,我没时间,我得去做家教。

和同学们一起去餐厅,她们调侃我老买最便宜的饭,我哈哈大笑,心无波澜:多吃蔬菜不但省钱而且健康,没看姐又高又瘦?

当打开心扉,与阳光共舞时,我发觉自己的内心越来越强大。而只有内心足够大时,才可以所向披靡、无所畏惧。

不知何时,那种不安全感已离我越来越远。

大二那年,那个唯唯诺诺、与世界格格不入的女孩已不见踪影。直到现在,我活泼开朗,活得没心没肺。而当一个人乐观向上、嘴角上扬时,好运也会开始眷顾他。

还有,相由心生,当内心健康活泼时,整个人看起来也会柔和美丽。

2. 贫穷无法提供更好的教育和更广阔的视野

大三那年,我在学校附近的咖啡屋打工,认识了一个美国外教——一个五十多岁的老太太,她几乎每天都来咖啡屋。每次都跟我闲聊几句,很是轻松愉悦,我们就这样熟识了。

她喜欢喝哥伦比亚自制咖啡,经常坐在吧台前,笑意盈盈地看我磨咖啡豆、煮咖啡。

"Wonderful(太棒了)!"她说。可能夸我的手艺,也可能夸咖啡的味道。

有次在我的休息时间,她来到咖啡屋,我当时正在看雅思词汇。她问我:"打算去留学吗?"

我吐吐舌头:"不是,只是对语言感兴趣。我想去留学,可留学需要资金,我没有。"

她喝完咖啡走向吧台,严肃又诚恳地对我说:"Summer,我跟你商量个事儿。我觉着,一个乐观美丽的女孩不出去闯闯太可惜了。你去留学吧,我刚才想了想,我可以帮助你,给你提供第一次去美国的飞机票,留学时可以在我家住宿,我还可以在我们学校帮你找兼职。"

如果去留学,这对我来说,该是多么大的一个帮助!我心里涌出满满的感激,但略微思考一下后摇了摇头,在中国,有时候我还连饭都吃不上,哪来的学费去留学啊。

就这样,一个很好的机遇,因为贫穷,我错过了,也错过了更好的教育和更宽广的视野。

可我并没有停止不前。贫穷的生长环境无法选择,但我可以选择去努力。

我读很多很多的书,通过读书来拓宽自己的视野。

毕业后,我找到工作,并在这座城市慢慢立足。

我独自出国旅游,见更多的人,学更多的事儿。

我学习理财,不去千方百计节约省钱,而是想方设法创造财富。

[人生如登山,处于最低谷之时,
意味着人生之路开始慢慢爬高]

很多人,不,大多数人对待贫穷,就像躲避瘟疫一样,避之唯恐不及。

我并不感谢贫穷,我说过,它对我来说,就像一个很不让人待见的朋友。可它并非一无是处。

比如,我的独立,可以在婚姻这段亲密关系中提供稳定的基础。

比如,参透很多坎坷,很多事情我会看淡,也因此少了很多纠结和拧巴。

再比如,我的抗挫折能力和抗压能力很强:物质生活上最困难的时期我都挺过来了,还有什么不能逾越的?大不了从头再来。

文章开始提及,我生来倔强,当然,对待生活的态度也很倔强。有时候在别人看来不得不放弃的时候,我"偏要勉强"。现在想想,正是这种执着的信念,让我慢慢挣脱不利环境。

24岁时,我遇到了生命中的他。我们那会儿结结实实地赶了一把

"时髦"——裸婚：没房、没车、没存款。努力奋斗了两年，已有房有车有小额存款。

我们给爸爸妈妈在老家的镇上买了一套三居室，喜欢整洁干净的他们，把房子收拾得窗明几净。那种卑躬屈膝向别人借钱和战战兢兢被人讨债的日子已一去不复返。他们舒展的眉头，是我最喜欢的样子。

妹妹去年考上了一本大学，跟我在同一座城市。

当然，这些，真的不算什么。我的"富二代"朋友名下有好几套房子，收房租是她的副业，没事儿就开着豪车去喝喝咖啡看看帅哥，优哉游哉。我刚刚长出翅膀，而她已经在高空展翅高飞很久了。

可是，相对于之前的生活，我已经超越了太多，对我来说，这就是进步。每一天，我都在努力超越昨天的自己。我曾经跟朋友调侃："虽然我做不了'富二代'，但我可以做'富一代'呢。"

人生如登山，有低谷也有高峰，当处于最低谷时，不要失落，不要放弃，不要难过。

想想，已经这样了，还有比这个更糟糕的事儿吗？

而且，处于最低谷之时，意味着人生之路开始慢慢往上爬了，会越爬越高，也会离阳光越来越近。

世界上唯一可以不劳而获的就是贫穷，唯一可以无中生有的就是梦想。没有哪件事，不动手就可以实现。世界虽然残酷，但只要你愿意走，总会有路；看不到美好，是因为你没有坚持走下去。人生贵在行动，迟疑不决时，不妨先迈出小小一步。

一个人经历太多虚假的东西以后，反而没有那么多的酸楚，只会越来越沉默，越来越不想说。挫折经历得太少，才会觉得鸡毛蒜皮都是烦恼！自己勇敢扛下而不声张，其实就是一种成长。

乐观一些，所有的困难都能扛过去

我极少抱怨生活和命运，而当有人向我抱怨时，我时常会讲一个故事给他们。他们听后会噙满泪水地问我故事是真的吗，我说是真的！于是那些被噙着的泪水落了下来，伴随着一声：谢谢你，她还好吗？

[01]

2004年的夏天，我借着二爸的关系进蒙古饭店做暑假的零工，荣荣也是那时候被她的父亲从陕北老家送来的。当时她穿着一身已经褪色的蓝色校服，原本就不多的几条白色条纹里也尽是时间留下的五颜六色。荣荣袖子上还戴着一个"孝"字，后来才知道她母亲去世不久，因为什么原因去世的我不得而知。

在她父亲向我们说着请好好照看他女儿的那些漫长的叮嘱之时，我看到荣荣一直默不作声地低着头，屁股和沙发也只是轻微地相碰，像是怕掉进沙发里似的。她唯一能够被描述成活动着的部位就是那双没有洗净的小手，她用指甲撕扯着沙发翘起来的一小块儿皮子，等到那块皮子被她完全地撕下来以后,又紧张地把它塞进了距离最近的一个小缝隙里,另一只手也不知道忙乱着什么。

荣荣父亲起身离开之前,她都没有说一句话,也没有像其他孩子那样号啕大哭。她父亲路过沙发停下来摸了摸她短到极致的头发和稍长一些的鬓角,那时我才从相距两三米的地方看到她眼里的泪水顺着有些皱的脸蛋儿流下去,滴在淡蓝色的校服上,加重了几点颜色。到那晚睡觉的时候,荣荣才终于崩溃大哭,很多女孩儿劝她都没有用。经理要我们帮她收拾行李,荣荣哽咽着问去哪里,经理说送你回家。于是荣荣再一次崩溃,说她回去她弟弟就会没钱上学,死抱着经理的腿不松开。在那一刻,我不知道该说她毕竟是个小孩子还是毕竟不是一个小孩子。

荣荣正式上岗是几日以后的事情。她被分到了四号包间做服务员。那天,我进去的时候端着一盘珍珠鸡和凉拌绿翡翠。荣荣站在餐碟柜子前面,把双手叠放在腹部的位置,微红的额头上有几颗汗珠正在酝酿着滴落。等到我准备出去的时候,我给荣荣使了一个眼色,意思是让她机灵些,但还没等她给我回应,我们都被一个有着很重烟哑嗓音的男人叫住了。

那男人就坐在窗户的正前方,身体胖到刚好挡住了窗户左边的成吉思汗挂像。他的下巴上长着一颗老大的痦子,我倒是没有看清那个痦子上有没有长毛。我认得他,他祸害过我们饭店好几个小姑娘,工作久的女孩儿大都怕他。其实我还想端详他的牙齿,因为我习惯在丑化一个人的时候描写他的牙齿。他收了收拍桌子的力气,轻轻地把另一只手上的筷子放在了高脚杯的旁边,而后又很自然地换了一种表情和腔调,我想了很久才想到用"嫖娼"这个词来形容,于是他就用"嫖娼"那样的表情和声音告诉荣荣那盘精致的绿翡翠里有一只苍蝇,被油炸得连翅膀都看不到了。虽说当时小小的我已经感到了真切的害怕,脑袋也是一阵一阵地发热,但是我心里面的愤怒也是涌动着的,我很厌恶用看似温柔大度来表现龌龊猥琐的行为,或者把"行为"换成另一个更加贴近当时情景的词语,那应该就叫作挑逗。

他把绿翡翠推给了荣荣,让她去叫经理过来处理。如果经理来了,那么即使我们都知道不是荣荣的错,但她也只能回家,她爸会打死她,她弟弟也会辍学。

"这不是苍蝇啊,老板!"荣荣匆匆扫了一眼绿翡翠后就又望着烟哑嗓,"老板"二字叫得绵软妖娆。

烟哑嗓还是一副嫖客的模样,微微一笑又侧了侧身子,说:"小妹妹,那你告诉我这是什么呀?"他厚颜无耻地说。

"老板,这是调料啊,老板您看错了!"荣荣笑得更灿烂了,当然,站在她侧面的我是不能看全她的笑容的,但是我听到了她自然温柔的笑声。

"那你吃了它吧!"烟哑嗓强抑着升腾起来的怒气。

整个屋子里的人都在一瞬间将目光投注到了那个男人的身上,也包括我。我已经忘记了我当时的反应和表情,只见荣荣用筷子夹起了那只苍蝇,是的,确实是一只被油炸得没有了翅膀的苍蝇,就那么自然地喂进了嘴里,在喂进嘴之前还看了我一眼。

我不知道我是怎么从那间散发着腥味的屋子里逃出去的,我非常害怕看到荣荣把苍蝇喂进嘴巴后喉咙的蠕动,那对我来说过于残忍。当我有了特别清晰的思维的时候,我正在石子路边儿上呕吐,倒也没能吐出什么东西,矫情的干呕罢了。我回头去看包房,从里面散发出来的灯光已经涣散,漫得到处都是,外墙壁上画着的漂亮图案也像是遭遇了一场暴雨似的,模糊着。

那晚晚些时候,荣荣神经兮兮地把我从宿舍拉了出去。她一共向我展示了两件东西:面值10元的人民币,还有一张从酒盒子上撕下来的奖券,印着繁体字"贰拾"。人民币是那个嫖客给的小费,奖券是她应得的额外收入。她说着这些的时候,我明显能够感觉到她的兴奋和激动,仿佛她得到的那两样东西和她的付出完全可以一笔勾销似的。谁知道呢？更让我想不到的是，她又从裤兜里掏出来5元钱递给我，按照她的说法应该算作封口费，她让我不要告诉别人她吃了什么，也不要追问那玩意儿的味道，因为她也没尝出来。然后，荣荣蹦跳着跑到路灯下，又跑出灯光区，消失在了漫天繁星的夜里。

[02]

自从吃过苍蝇之后，荣荣对于服务员的工作算是得心应手了，原本极短的头发也长了一大截，都可以用皮筋儿扎起来了。细碎的刘海儿和鬓角一直没有剪过，皴脸蛋儿变得白嫩了。仔细一看，一个多月的时间已经让她出落成一个可爱的小姑娘了。

随着荣荣身体生长的还有她的"人际圈"。除了俘获了我这个哥哥外，她还和一个叫作宋姐的女人走得很近。

宋姐这个称谓，我是跟着饭店里的老服务员叫的，要是按着我对于年龄和辈分的理解，宋姐那样的女人再怎么说也是要被叫作阿姨的。虽说她脸上抹着许多油粉，但还是可以看见深到不行的皱纹，还有那两条用刀子割成的双眼皮，如今也成了由眉心出发的鱼尾纹了。她的乳房下垂得很严重，在黑夜里没有客人的时候，她会脱了胸罩穿一件相对宽松的衣服，步子也很是老态。

好了，我直说了吧。宋姐是一个服务了多年的"小姐"。

饭店里有好事的女孩儿一边嗑瓜子一边骂荣荣是一个不要脸的小婊子，但我却觉得她们只是眼红荣荣能够得到一个像母亲一样的人的照顾，而荣荣也确实是一个刚刚才死了母亲的孩子。这些话是我如今的体悟。在当时那个年龄，我是不舒服的。一个乳房下垂又堆满赘肉的老女人蠕动在老男人身上的画面一直恶心着我。我认为只要是得到了那个老女人的一点恩惠，都像是帮助她在男人面前脱了一件衣服一样。

那年农历的七月十五，也就是北方说的"鬼节"，蒙古饭店为了吸引客人，就在广场上点起了篝火，整个大院子都变得灯火通明，歌舞升平。在那一片乱景之中，在我的十一点钟方向，有一个破沙发，原本红色的沙发不知道怎的在火和灯的照射下竟然成了棕色，而且还一闪一闪的。沙发上面坐着两个人——荣荣和宋姐。

宋姐坐在沙发的垫子上，荣荣则坐在扶手上，上半个身子依偎着宋姐。那是我第一次那么真切地理解依偎的意义：两个女人，在灯下，在火焰里，在乱舞的人群中，就那么靠在一起。一个是服务了几十年男人、没儿没女的老女人，一个是家境窘迫没有母亲还吃过苍蝇的小女人。老的那一个弹着烟灰，小的那一个看着老的弹烟灰。荣荣很费力地摆着某种姿势，力气一直都用到了脚趾头上。我看到她的手拉着那要连内裤都遮挡不住的裙子。荣荣的鞋子是宋姐的，因为太大，所以撑不满，于是就能看见那条被空架着的脚上耷拉着一只妖艳的鞋子，若是再能有律动地晃动几下，也能够品出几分性感。我想如果我的脑子好使的话，一定会永远记住那个让我有了些许感动和不知所措的画面。

从那以后，荣荣就公然叫宋姐为干妈了。骂她的人更大声，而我却不愿意站在道德的角度审判旁人。在那样一个人际复杂的饭店，我想我已经足够清楚自己永远都是一个旁观者。而且，荣荣也确实还没有做不要脸的事情，再前进一步讲，即便荣荣做了什么不要脸的事情，我又有什么资格和狠心去批评她？即便我感觉不舒服，我又能做些什么呢？她吃苍蝇的时候我不就什么都没有做吗？

我满怀思绪地坐在我的床上，到底想些什么现在已经记不起来了。我听见窗户外面荣荣和宋姐兴奋地准备离开的声音，我对面是张大哥的床，被子、袜子还有裤头都一齐堆着。不知过了多久，荣荣也堆在了其中。她看见我不说话，于是在我眼前比画着手指。我想如果我要是背对着她的话,她一定会用手蒙住我的眼睛,然后用假装出来的老迈声音说"猜猜我是谁呀?",我到现在都后悔那天没有背对着她。

荣荣从她的背后像是表演魔术一样拿出一个塑料袋子,里面包着好几十个啤酒瓶盖子和许多白酒盒子上的奖券。那个时候,啤酒盖子每个可以卖5角钱,而白酒券上最低的面额也有5元钱(我曾经为了这些小奖品也和许多服务员殊死搏斗过,所以至今都记得)。荣荣把一堆啤酒盖子拨到一边儿,而后拿出那几张奖券。

"这是李老板给的,这是我和李姐抢的,这是咱俩那天从库房偷的,这是我第一次当服务员时的那张20元的,20元呢!"荣荣把最后那张20块钱的奖券举得老高,一扇一扇的。

一共四张奖券,没有一张是漂亮整齐的,都被她撕得极其难看。她一边和我说着话一边把最后一张放在第一张的上面,又把第一张放到最后一张的后面,如此往复。就在我即将有点不耐烦的时候,她把那些东西一齐放在了我的腿上,说:"哥,给你了。"

我说:"真的?"我是看不到自己的眼睛的,但我想一定是让我厌恶又鄙视的那种眼神。

她又说:"当然了,送你了。"

于是,我急忙算了算,一共72元钱,都没有留意荣荣正在向外走去,也没有说一句暖心的话,哪怕是一句再见。等到我回过神儿走到院子里的时候,荣荣正在钻进一辆黑色的桑塔纳,只剩下一闪而过的背影,给她开车门和搬行李的正是之前逼她吃苍蝇的男人,那个下巴上长着瘊子的老男人。

在我们那个饭店到柏油路中间,还有一段石子路和虚蓬蓬的黄土。那辆飞驰的桑塔纳很快就惊起了一阵黄土,弥漫在空中,又慢慢地落定。土路两旁是密密麻麻的绿草,绿草之间夹杂着五颜六色的无名小花,它们随着汽车带动起来的气流而摆动。一时间,我竟然有些难过。

[03]

  2012年夏天,我在距离我们城市不远的一个小镇换乘大巴,在我等车时,有人拍了拍我的肩膀。
  那是一个抱着孩子的女人,留着齐腰的长发,虽说是扎起来的,但我仍能看见微微的卷曲,刚刚好的样子。她脸上也没有化妆,鬓角和下巴都有明显的伤疤,也能够看见或许是由生孩子而形成的雀斑以及眼角细细的纹路。
  就当我处在莫名其妙的混沌之中时,她叫道:"哥,我是荣荣呀!"
  是啊,虽已多年不见,但荣荣毕竟是荣荣啊。
  荣荣怀里的孩子是个男孩儿,虽然一直在咳嗽,但给我的感觉是很乖的。要知道我是不怎么擅长哄小孩子的,所以也就只会摸摸他的下巴或者是夸一夸他长得漂亮之类,连说了几遍后自己都尴尬了。其实我在还没有再次遇到荣荣的很多个日子里都幻想过与她重逢的情景,而我最主要的话题就是要问她和宋姐去了哪里,又做了什么。
  我想你可能也知道了,我什么都没有问她。她跑到不远的一个冰柜里取来了一根雪糕、一瓶饮料,塞给了我。在她给我递雪糕和饮料的那一刻,我看到她手腕上有好几个用烟头烫伤的"烟花",我的心一下子被刺痛了。于是我就什么都不想问她了。只是静静地看着她,偶尔回答她的问题,说一说我的生活和际遇。她夸赞我能够走出打工的生活去完成大学学业,也说她嫁给了一个不错的男人,过着平静的生活。说着这些时候,我看到她的眼里有了微微的湿润。她又用手捋了捋挂在耳边的碎头发,动作和七年前的一模一样。
  等到我坐在车上再一次回头看时,她已经在刚才的那个冰柜里又取出了一个雪糕,喂给了自己怀里的孩子,而且还把孩子微微地摇动着,眼睛注视着我的方向。一时间,我非常感慨,我庆幸没有问荣荣我想问的问题,那些于我来说一文不值,当她叫我哥的那一刻,我就觉着只要她活得好就是最好的。

我从车窗向荣荣那儿望去,在她的斜上方,有一块大红的广告牌子,上面写着"向荣超市"四个大字,再没有了任何的文字和图案。距离冰箱不远的地方,是两棵不高不大的枣树,稀稀拉拉的叶子在微风的吹拂下摆动着,互相温柔地碰撞着。

[04]

那次见面我们互留了联系方式,不经常聊天,过年过节会发送简短的祝福。2015年的初春,荣荣打电话问我有没有认识的呼吸科医生,她需要给孩子办理住院,但是没有床位,孩子病得非常严重。我托了很多朋友把她孩子安排到了解放军第五医院。

那个与我只有一面之缘的孩子,由于小镇医院的误诊,在到达解放军医院以后由于急性哮喘引发高烧、肺炎。当我最后一次拿着饭盒去给荣荣和她老公送饭的时候,我的医生朋友悄悄告诉我,孩子没有救回来,已经夭折了。

我透过长长的走廊看到尽头瘫坐着荣荣的丈夫,走廊的中间是阴暗的,尽头那里有光从窗户中射进来,照在他的身上。我没有看到荣荣,我有意地躲闪,我怕我会在她面前彻底崩溃,那只能让她更难过。

初春的北方依然寒风凛冽。我衣服的拉链没有拉住,有刺骨的风吹着我,我把带来的饭连同饭盒一同丢在了垃圾桶里,眼泪不由自主地汩汩流淌。我说不出一个词语和一句话,我说不出一句指责和抱怨,只因为我真的太难过。

前几日,我给荣荣打电话问她近来过得如何,她顿了顿说过得不错,正在调理身体准备再要一个孩子。我承认我是一个矫情并且易动感情的人，一时间高兴激动得哽咽失态。荣荣却发出一声很浅的笑声说：

"哥，只要我不死，就都能扛住！"

我又想起十几年前那个吃过苍蝇还笑着给我5元钱封口费的小女孩，于是觉着天空明亮，阳光万丈。

要多寻找生活之美，丰富情感领空；要多读些书，多和有思想的人交往，提升内在的品位；那些与你无缘的东西，要学会拒绝和远离；无论怎样，都要积极乐观，心态健康了，路才不会走偏。

迷茫不是你一辈子的避风港，咬紧牙关逼自己一把，即使万分无力，也要迎难而上；即使前路曲折，也要迈开大步；即使心中怯懦，也要硬着头皮挺住；即使希望渺茫，也要永不放弃。当你坚持下来，会惊喜地发现，付出的一切都是值得的。

迷茫不是你一辈子的避风港，你要勇敢尝试突破

H是我的大学同学，我认识他是在期中的一次课堂展示上。通识课程枯燥无味，很多同学无非是为了获得2个学分，简单地翻阅资料应付考试。H排在靠后的次序展示，但他的出场却让我耳目一新。震惊我的并不是炫酷耀眼的PPT，而是他颇具创造性的观点和旁征博引的论据，可见H在课下是花了真功夫的。

那会儿，我的学习和生活一塌糊涂：早上睡到10点，中午匆匆叫个外卖，下午翘课睡觉，晚上熬夜打电子游戏，直到考前才会拖着疲惫的身体去课堂等着老师划重点……这并不是个例，颓废的气氛弥漫在整个宿舍，大家都很迷茫。没有老师和父母的谆谆嘱咐，谁来定义大学生活？谁知道哪些事情才是有意义的、可以直接左右以后人生的成败？谁又知道纷繁复杂、诱惑丛生的社会中，哪一条才是通向理想彼岸的正确道路？很长一段时间内，我都相信大学生活就该如此。

H的出现，让我对自己的认识产生了怀疑，我开始留心H的生活。每

天早上,他都是6点半雷打不动起床,在小树林背诵一个小时英语后,便按时上课或泡图书馆。中午H会休息半个小时,如果下午没课,H总是习惯性地去打排球。半年后,他已经可以和体育系的学生一争高下。

每次考试,H成绩都名列前茅。但他绝不是传统意义上的"好学生"。他常常会因观点不同和老师激辩,有理有据,却没有半点情绪发泄。对了,H组织的"一台都不能少"活动还成为"校园十佳"——每个月末,H会带领社团的同学把从四面八方收集来的旧电脑维修、更新、清洁后,送到学校周边的农民工子弟学校。

更让我惊奇的是,H一上大学就实现了经济独立。除了每年都会拿到的奖学金,他周二和周四晚上会去兼职做家教;他还考取了导游证,寒暑假我们在家中吹空调时,他已经带领国外来的旅游团周游全国了。

H的生活、学习、工作,一切都井井有条,充实而不凌乱。在我们每天"醉生梦死"时,他已经将生活过成了诗。我曾问他:"365天的'档期'都排得满满的,累不累?"

"一点都不累啊,我很享受这种生活。"H的回答显然超出我的预料。原来,刚上大学那会儿,H如同大家一样,面对未来脑子中一片迷糊,他一度纠结得要去看心理医生。然而,他最终迈过了那道槛儿,他说:"现在,每一天我都不敢懈怠,努力成为更好的自己。"那一刻,我才恍然大悟,原来"男神"也有鲜为人知的迷茫时光。

是啊,谁的青春不迷茫呢?20多岁的大学生,就像脱缰的野马在无垠的原野上狂奔一样,谁知道哪个方向通往丰润的草场,哪个方向通往泥泞的沼泽?可是,当我们因为迷茫而作茧自缚时,有的人已经振翅高飞了;当我们因为迷茫而浑浑噩噩时,有的人已经事业蒸蒸日上了;当我们因为迷茫在起跑线上裹足不前时,有的人已经积跬步致千里胜利在望了。

记得两年前,楼下的房间住着一位姑娘,邻里关系处得如鱼与水:她喜欢将自己做的点心分享给大家,蛋挞、松饼、提拉米苏样样在行;下班早的时候,姑娘会去给对面邻居家的孩子辅导功课,作为感谢,邻居也会留她吃饭;一楼住着对老夫妻,生活中有诸多不便,自然也少不了姑娘的帮助,网上购物、手机聊天、医院挂号,这些生活琐事她都主动承揽。

那会儿我才刚刚毕业,北京巨大的生活压力常让我整夜整夜地失眠。"大家都很迷茫,你并不是唯一的。"姑娘极力安慰我。原来,她刚来北京时也一样无助,常常吃了上顿就不知下顿该怎么解决,每次发工资的时候,她都得精打细算一番,得留足富余的钱偿还信用卡欠款,还得和黑中介斗智斗勇,房子还住着就得想着下个月往哪儿搬。

工作上的事,更是让姑娘烦恼透了。她在一家老国企上班,单位效益极差,可偏偏又被分在边缘部门。作为年轻人,这姑娘的工作被各种鸡零狗碎的杂事充塞得满满当当——端茶倒水、收发快递、整理材料、更新电脑……办公室里的大叔大妈们也很难相处,他们永远热衷的话题无非是哪家菜市场的鸡蛋降价了,微信转发的段子说常吃石榴能防癌,楼下部门的阿姨上个月离婚了……"那段时间特别迷茫,不知如何料理好以后的工作和生活。不敢想象自己10年后、20年后会成为什么样子的人。"每提及此,姑娘总是十分伤感。

"想改变现状,必须逼自己一把!"突然,姑娘眼睛中闪耀起光芒。她开始逼迫自己在工作上精益求精,常常自愿加班、披星戴月。但无论多晚回家,她都要读一个小时的书。她甚至报了培训班,利用周末的时间充电学习法语和CFA,两年就考下了证书。姑娘的生活也逐渐丰富多彩起来,她要求自己每周必须学会一道新菜,练两次瑜伽。她强迫自己打开心扉,主动认识每一位邻居,"如果连自己的家门都走不出去,还怎么去看看世界?"半年后,姑娘的才华被领导赏识,调到了销售岗位,工资翻番。到年底,拿到了10万元奖金。

毕竟,青蛙总是被温水煮死的,不是吗?显然,这位姑娘在被"煮死"前成功跳了出来。心理学上有个"舒适区"理论,人们一旦打破原已熟悉、适应的心理模式，就会感到不安、焦虑甚至恐惧，这个"舒适区"就是煮死青蛙的"温水"。走出迷茫必然会触痛你的心理防线，逼自己一把，及时跳出来，才能避免就此沉沦的厄运。而你的舒适区一旦被打破，它的范围就会再次扩展，原本你认为不可能的事情也会变得易如反掌。

迷茫并不可怕，可怕的是没有面对迷茫的勇气——不知未来如何就不敢前行，畏惧错误就裹足不前，害怕被排斥就盲目合群，成为自甘堕落的人。面对迷茫时，只有逼自己一把，才能走出窘境，看清未来。

相信我，迷茫不是你一辈子的避风港，咬紧牙关逼自己一把，即使万分无力，也要迎难而上；即使前路曲折，也要迈开大步；即使心中怯懦，也要硬着头皮挺住；即使希望渺茫，也要永不放弃。当你坚持下来，会惊喜地发现，付出的一切都是值得的。想想当年你咿呀学语、蹒跚学步的时候，如果不是逼着自己张开嘴、迈开步，怎会知道这个世界如此五彩斑斓呢？

20岁的时候，千万不要花精力和时间去犹豫和纠结什么选择是最好的，因为没有人知道。有想法就大胆地去尝试，感受不同的生活，多尝试工作类型，多读书，多旅行，多谈恋爱，多结交朋友，把这些该交的学费都交了，如此一来，30岁以后，你才有可能从容不迫地过自己想要的生活。

人生是不断做出选择的过程。有时候明明选择了一场喜剧，结果却发现它变成了悲剧。这并不能说明这段人生路白走了，明智的选择固然让人喜悦，但不明智的选择也让人成长。毕竟，人生没有白走的路，跨出去的每一步都有它的意义，现在所有的辛苦都是未来的勋章。

那些吃过的苦都是你人生的勋章

[01]

我认识的一个姑娘，7岁来到美国。父亲是非法偷渡出去的，在外居住了十多年，终于拿到绿卡。

母亲先得到允许，出国去与父亲团聚。她在国内等着母亲带她出去的消息，却等来母亲在电话里欢快地告诉她"你马上就要有个小弟弟了"的消息。

新生命的诞生，让所有人忽略了她的到来。

等到一年多后，她转入国外学习，摸着崭新的家具，看着素未谋面的父亲，才发现自己成了这个家唯一生疏的客人。

语言关更是一个问题。她在国内没有上过任何语言学校，只是国内一个7岁普通孩子的英语水平。连自我介绍尚且磕磕巴巴，更别谈是否能听懂上课内容了。

幸亏老师很温和，对于教育这样的小移民也颇有经验。老师给了她一支笔，让她尽情涂涂画画。

可能是因为太寂寞吧，她画着画着竟然渐渐画出感觉来。起笔落笔之间，已然有了栩栩如生的形象。

她顿时觉得人生似乎也并没有那么寂寥，夜半无人时，也有画在和她对语。

[02]

一个小镇少女，梦想着要写书。

2008年的时候，她16岁，是个被所有人说成"没有前途"的中专生。

她拿着每天的餐费泡网吧，几乎在所有的文学门户网站都更新了作品。

一时出书无门，她又在论坛里持续写帖子，只要有网编愿意推荐，从家庭琐事、学习心得、八卦杂谈到鬼神怪谈她都写。终于功夫不负有心人，一家北京的出版社联系她签约。

一本合集，版税不高，却终于可以如愿变成铅字。

在16岁那年，她第一次来到北京。

在北京的第一顿饭是在桥头吃的麻辣烫，在北京睡的第一觉是在肯德基。

姑娘特别绝望地想要回家：北京的夜真是热闹，有这么多无处可居的人，一定也不是什么好混的地方啊！

深夜里，她枕着一个行李袋，朦朦胧胧中觉得别人伸手想要掏她的包就伸过手拽了他一把。

结果一睁眼，发现是一个肯德基的店员。店员看上去很年轻，也就二十来岁，递给她一杯可乐，问她要不要喝。

大概可乐不是按量计费的，所以偶尔多倒一点点也不要紧。

那男孩长得不好看，甚至姑娘早已回想不起他的样子，千思万念，不过是在平凡世界里遇到的一个好心的普通人。

但那时候，姑娘就这么酸了鼻头，觉得未来的日子突然有了盼头。

第一个姑娘和我同龄，现在在五百强的金融公司工作。

当然说不上月薪上万，作为一个亚裔小职员，已经算是很好的起点。上次她回国时，发了个小视频。她带着一波老外同事谈笑风生，说着流利的英语，纤腰翘臀，全身都透露着优异"ABC"（在美国出生的中国人）的质感。

我们约在家里见面。我爸妈做了些普通的家常菜，她用流利的中文直夸"好吃"。就算用最苛责的中国传统观念来评价，也是明理得体、落落大方。说实话，有一瞬间，我真的不想带着这个回头率超百分之两百的朋友一起上街。

第二个姑娘后来成了自媒体红人，这阵子流行"让男朋友猜化妆品的价格"，她还录了个小视频，下面很多人说"女神用的就是不一样""女神，你的化妆品都好贵啊，你一定是出生在很好的家庭"。

那天夜里，姑娘发朋友圈感慨：你看，美好的事情都在我身上发生了，就像我从来没有想过有朝一日，别人会说我的化妆品很贵，有人会说我出身于很好的家庭。

［03］

我不想写鸡汤，但这就是"别人家孩子"现在的样子。

我不知道你现在在经历着怎样的辛苦，挑灯夜战或是忙于生计。

到了某个年纪后，再看人生，其实是没有"巅峰"可言的，有的是七起八落、五味杂陈。我们总说生命需要仪式感，可苦难和成功总不伴着仪式而来。恰恰相反，当你回望人生，所有转折都发生在当下看来平平常常的一日里。

当下的辛苦，焉知非福？

记得曾经有一期电视节目，岳云鹏寻找一个十多年前帮助他的姐姐。那时他在酒店打工，因为犯错被开除。一个同在酒店打工的大学生姐姐带他四处找工作，还从学校里给他带来棉被。

岳云鹏说，没有这个姐姐，就没有现在叱咤舞台的相声大咖"小岳岳"。

现在，观众们谈起岳云鹏并不觉得他像一个只存在于媒体上的单薄纸片人，因为有苦难，所以凸显出的成功格外厚重。

我们很多时候是因为别人的善意活了下来，更多的时候是因为我们自己对自己的善意。

[04]

这个世界有太多看上去光鲜亮丽的人，耀眼到我们甚至都不相信他们也有自己的辛苦，只不过你不知道这是他人生的哪一个阶段罢了。你们相遇太晚，所以你并不知道，这或许是千难万险后的"守得云开见月明"，抑或是洪流急湍后的"轻舟已过万重山"。

活得容易的都是别人家的孩子，我们没有亲眼看见他们的成长，才会妄图揣测他们的成功背后有那么多"贵人相助"。

其实哪有那么多容易活着的人啊，不都是哭过痛过眉头一皱熬过来的普通人吗？

正是以为他们是有距离的"别人家的孩子"，才会有人把他们的成长断章取义。

就像那个深夜里抹干眼泪对着磁带学英语的女孩，终于在入睡后的美梦中声声呓语；就像那个在肯德基里睡了一天醒来的姑娘，终于看见半个太阳从云上升起。

没有一本自传不是由苦难写起，熬过的辛苦，都是人生的勋章，是一笔一画写就的，一步一个脚印踏出来的成功路。

运气是风调雨顺的天气，有人屡遭旱灾，有人连年雨水，但总有风调雨顺的一年。但愿那时，你已有拔地而起的枝干，可以任由和风细雨在你的枝上挂果。

你不勇敢，没人替你坚强。只有经历过地狱般的折磨，才有征服天堂的力量。只有流过血的手指才能弹出世间的天籁之音。前有阻碍，奋力把它冲开，用你炙热的激情，转动心中的期待，血在澎湃，吃苦流汗算什么？不要生气要争气，不要看破要突破，不要嫉妒要欣赏，不要拖延要积极，不要心动要行动。

有人问，27岁才找到自己想做的事情，是不是已经太晚了，因为接下来要面临的就是结婚生子，好像一切都来不及了。我见过40岁从实习生开始工作的，也见过50岁还熬夜看书准备考试的，甚至还见过60岁才开始拿起笔学画画的。人生确实有很多事情会迟到，但如果你想做，一切都还来得及。

年龄从不是阻碍你
选择喜欢的生活方式的借口

一号电车几乎开到了海牙的尽头的时候，终于到站。我踏出电车，一阵冷风扑面而来，还裹着雨水。

明明已经是春天，还是阴雨连绵。我拉紧了冲锋衣的拉链，忍着冷气，把皮手套取下来，在手机上定位好中国大使馆的位置，然后埋头冲进了雨里。

刚走没两步，一个声音把我叫住："请问你知道中国大使馆要怎么走吗？"

是发音不标准的普通话，语调很奇怪。我回头一看，是一个亚裔面孔的瘦小女人，穿着厚厚的羽绒服，戴着灰色的帽子，皮肤黝黑的样子。

大约是个香港人，或者是广东那边的华人，早些年就来到欧洲，普通话都说得不太标准。去唐人街，在那些中餐馆的碗碟旁，或者亚洲超市的货架间，这样的中年妇女的身影时常能看到。

我还没看明白下个路口要往哪边拐就点了点头，又低头去看手机地图。

就这个功夫，她已经凑了上来，看向我手机屏幕的头几乎搭到了我的肩上，带有国人间的自来熟。

"我们应该往左，唉，不对，右边拐。唉，哪边？"和这年头在中国碰到的外国留学生练习讲普通话一样，她也是"哪"和"那"的声调分不清。

"Left, should be this way."（左边，应该是这条路）我侧了侧身，用手指了指方向，干脆开始说英语。

听到我说英语，她也切换成英语，开始噼里啪啦地吐槽："这边大使馆太偏僻了，我上次找了警察问路。对了，前面路口应该可以看到警察的。"

发音标准，语法准确，英语说得很好。而来这边的老华人，很多只会说荷兰语，英语反而不太灵光。

我忍不住端详起她，发现她虽然个子娇小，皮肤黝黑，但是看眉眼，我可以断定她不是中国人。

"你也是去中国大使馆？"我随口问道。

"是啊，我是荷兰人，但是要去这边大使馆公证一下文件，我现在在中国工作。"她爽朗地开始进行自我介绍。

果然走了几步碰到一个警察，她用荷兰语和警察远远地打起了招呼。

"你知道么，我在中国待了19年。"她又快步跟上我，继续聊了起来。

确定了使馆方向，我不再着急，于是边走边和她聊了起来："这个大使馆大概是我见过的最偏僻的大使馆了。"

后来，发现这不仅仅是最偏僻的大使馆，估计也是最破的大使馆了。进入大使馆的办事大厅，破旧的窗口，闹哄哄的人群，挂着鼻涕满地跑的孩子……一番热闹景象，好似瞬间回了国。

我领了个号，找了个角落站着等了起来。大使馆对外办公时间只到中午12点，这个时候已经快11点了，前面还有十来个号码，我怕有点来不及。

她也拿了个号，站到我身边，开始攀谈起来，跟我说起她在昆明的生活。

"我今年60岁啦，按照中国的情况，我得退休了。但是荷兰这边的法律规定要工作到67岁，所以要来办个手续。"

但是她看起来也就50岁不到的样子，眼睛里还发着光，未见浑浊。真的是有故事的一个人，我的好奇心彻底被唤起。

"哎呀，你知道吗，我刚去中国的时候，还一句中文都不会说。现在听昆明方言都没有问题。"说起昆明她眉飞色舞。

她在昆明的一个国际学校工作，老板是个美国人，最近回了美国准备退休，公司彻底不管，要把整个公司转到她的名下。

我知道国内的国际学校，提供全英文环境的幼儿教育，这样的幼儿园收费都不菲，打着国际教师的旗号，招的老师却大都来路不明。

就这样，每年还有家长排着队把孩子往里面塞。

她该不会也是在中国骗钱吧？我心里暗自揣摩。

"哎，我们学校总共大概三十几个孩子吧，大部分是国际学生，三个年级。不能再多啦，再多就照顾不过来的。但是总有人通过找关系想进来。"说起中国的关系社会，她表示理解，"那些实在不能拒绝的，就只好收啦，收了事情才好办。"

说着还冲我眨眨眼，给了一个你懂得的表情，逗得我哈哈大笑。短短十来分钟，我就决定交她这个朋友，于是我问她要了微信。

她掏出一个老爷机，是最便宜的那种山寨机的样子，给我看她的头像，说是在泰国教书的时候拍的照片。

印度尼西亚裔的她，出生在荷兰。37岁的时候，孤身去亚洲，在去中国之前，她在泰国教过两年书。在那之前，在英国读了一个教育学学位。

她的故事，从37岁的时候开始。

"那个时候放弃一切，去了从未去过的亚洲，应该很艰难吧？"这话纯是感慨，没有试探。

见过这么多人，听过这么多故事，我早已经学会了不再对别人的过去表示好奇。

每个有故事的人，他们的经历就像酒，要酝酿出来才美。那些不能在时光中酝酿开来的，不愿再翻开的过去，就沉淀到坛子底下好了。

"哈哈，还好，因为一直想要到一个不同的地方去生活，所以真的做出这个选择时，是没有太多犹豫的。事实证明，这真的是一个不错的选择。60岁在中国就应该退休了，但是我做了19年自己热爱的事业，很值得啦！"说起过去，她表情纯真，神情满足。

走出大使馆的时候，已过中午，她说："我们找个地方喝点茶吧？我知道，中国人不太喜欢喝咖啡。火车站里面就有一家很好的店，它家的薄荷茶很好喝。"

我双手赞同，这天气太冷，大使馆里的人也太冷，我们都需要温暖。

我们一路聊着，她跟我分享她的故事、她认识的人，那些遍布中国和其他各个国家的人，他们大都是世界"流浪者"。

我跟她说我的经历，我看到的世界。

我说："你知道吗，我最近面临着人生一个很大的困扰，我在犹豫要不要再花五年读一个博士学位。但是，今天，认识你之后，我想我已经摆脱了这个困扰。"

她哈哈大笑，举起茶杯，碰了一下我的杯子说："你一定是做了一个聪明的决定！来，我们为它干杯！"

她没有问我的决定，也没有说她的意见。她说："你一定会为了你想要的东西全力以赴的。往前走就好了，谁知道未来会怎么样，走过了才知道啊。"

她跟我说，在中国待了这么久，她也懂中国的环境，年轻人都被一种无形的社会压力驱赶着，每个人都在看着别人过日子，年轻人过得特别着急，房子，车子，票子……好想一夜之间全都有了，人生瞬间圆满。

我点点头："我有时候也不懂，大家是不是太着急。你要说着急的话，很多人面对选择又犹豫不决，不敢行动。明明需要做出行动，但口里却在念着'是不是来不及，是不是来不及'。"

"哈哈，我懂的。"她开始用中文模仿了起来，"来不及啦，来不及啦，快啦，快啦。"这几句话倒是发音特别标准。

我被她的天真纯粹彻底逗乐，心里的阴霾一扫而空。

一杯茶的时间过得总是很快。我送她至站台上，她给了我一个大大的拥抱说："谢谢你给了我美好的一天。"

这样的离别的拥抱，我不知道有过多少次。甚至最近，我每天都在送出这样的拥抱。

只是这次离别，心里却有了别样的温暖。

我拍了拍她的后背，说道："也谢谢你。"

最后一分钟火车要开的时候，她小小的身影快速跳上火车，又回头冲我摇摇手，说："来昆明看我！"

我边挥手，边猛点头，表示一定去看她。

火车开动后，我立即掏出手机，给她发了第一条微信，确保她等会儿打开手机就能看到：我要谢谢你的是，在这个时候给我展现了一个没有"来不及"的人生，是怎样的美好。

虽然我跟很多人以很多方式说过，没有什么来不及的，25岁决定去读一个研究生学位，28岁决定换一个行业，30多岁决定换一个国家重新开始，都不会来不及。

· 044 ·

但是因为没有亲自走过的缘故，这些选择似乎都带了一意孤行的意味。而在路上的奇妙之处就在于此，那些你设想却没有勇气追求的生活方式，总有人能以你意想不到的方式跳出来，展现给你他们的美好。这是上帝给旅途中的人的特殊惊喜。世界那么美好，不要怕来不及。

所谓积极的生活，并不一定非得是那种拼尽全力、分秒必争、张口梦想、闭口未来的生活方式。有时候放松地欣赏一部电影，耐心地养一盆花，认真地烹饪一顿美食，或者坐在路边看看人来人往，只要是那些能够让我们感到充实和满足的事情就应该都是积极的。也许那些被我们误解的虚度时光，才是生活的本质。

CHAPTER **02**

把自己变得比过去强一点

尽人事,听天命!
做好现在的事情。
你不能左右他人,
能做的就是让自己变得强大!

只要不被打败,
你就会变得比过去强大许多倍。

人生有两条路，一条需要用心走，叫作梦想；一条需要用脚走，叫作现实。梦想，不仅仅是为了拿来念叨的，心动不如行动！没有到不了的诗和远方，只有想走却不敢走的彷徨。坚持不一定成功，但是不坚持一定不会成功。

别说什么本可以，你倒是去行动啊

人干吗非要努力啊？反正又饿不死。

很多人曾经都问过我类似的问题，我的回答几乎也都出奇的一致：其实即使你不努力，在现在这个社会中也饿不死的，你总能找到一份养家糊口的职业；但如果你从未努力奋斗过，那么在你生命即将到达终点之时，你可能会发现：原来生命中最痛苦的事情，不是失败，而是我本可以，但却没有。

记得我大一那会儿，因为上了一个自己不太喜欢的专业，又面临着比高中多得多的诱惑，于是整个大一我都沉迷于游戏、泡妞、混迹于形形色色的社团中，而且期末考试时"惊奇"地发现：原来即使我不努力，只要在期末临近时拼命"刷一刷题"，就不会挂科。这使得我更加肆无忌惮。

但是，在假期和高中很要好的一些同学聚会时却发现，自己和别人在短短的一年后会产生如此之大的差距。我所说的差距，不是指物质上的，而是指一个人的生活态度。

对比我高中的朋友，他们有几个高考时比我考得要差很多，在常人眼里他们考的大学没我好。其中一个男生迫不得已选了英语专业，据他说一年下来他几乎要被那些英文字母给逼疯了。还有另一个男生读的是3A学校。

可以说我的大学起点比他们要好得多，但是，他们对待大学的态度和我却是截然相反的，他们的大学生活也要比我的精彩、有意义得多了。

被迫学英语的那个男生上大学后选修了自己喜欢的计算机专业，啃了一大堆计算机相关的专业书籍，大一结束时已经开发了几个很火爆的网页小游戏了，去年微信朋友圈里非常流行的几个小游戏当中，就有一款是他捣鼓出来的，而现在他已经在着手开发他为之痴迷的游戏APP了，也组建了他自己的一个小团队工作室。

而那位读3A学校的男生一开始就没打算在那所大学长久待下去，大一第一学期就自学通过了雅思考试，第二学期经过无数次"不要脸"的申请终于得到了澳大利亚一所不错的理工科大学的offer（录用通知），大二一开学他就飞奔到国外重新读他的大一了。当时我不敢相信高中英语最差的他竟然自学通过了雅思考试，但事实就是如此。

再看看我的大一，那会儿我归咎于大学专业不是我喜欢的，归咎于大学有过多的诱惑，因此得过且过，泡妞、游戏、社团活动忙得自己团团转，但忙过之后却总会发现自己一无所得，发现自己是为了忙而忙、毫无目标，内心也往往是空虚、不堪一击的。

这种类似的例子在我们的生活中太多太多了。

有的人整天在微信朋友圈、微博、QQ空间里抱怨自己的工作待遇差、工作时间长，要加班还没加班费，所以待不下去了；有的人抱怨自己只在半年的时间里就被炒了好几次鱿鱼；也有的人在网吧熬通宵打了一夜的游戏后发一条状态：唉，还没睡觉又要准备去找工作了，为什么只有我的生活过得这么累啊；更有的人自暴自弃破罐子破摔，整天不是在抱怨自己出身不好，没能生在一个好的家庭，就是在抱怨社会不公、竞争太激烈、潜规则太多。

但问题是，多少人在抱怨时，丝毫没有反思过自己是否有过哪怕是一点点的努力呢！

有多少女生宁愿嗑着瓜子看着整集整集的连续剧，刷着大部分没营养的微博资讯，耗费整个下午在刷某宝，和闺蜜逛一晚上的购物街去淘那些打了折的所谓奢侈品；有多少男生宁愿通宵达旦地沉迷于网游，也不愿意下那么一点点的决心和功夫去做一些改变呢。

当然，你可以不努力，你可以不去试着改变，你也可以不试着让自己变得更好一点，因为说实在的，在如今这个社会也很难饿死你，你总还能找到一份工作把自己的肚子给填饱了。

但你有没有想过，目前的生活状态是不是你内心真正想要的？

你有没有想过你本可以让自己的生活过得更精彩更有意义一些，你本可以有能力有条件去做更多自己喜欢做的事情，你本可以给他人给社会创造更大的价值……但却因为当初你没能稍微努力那么一点点，最后也只能变成"本可以"了。

就像当初我的专业选的不是自己喜欢的，我本可以努力试着换个专业或者像我那位被迫学英语的同学一样，找一个自己喜欢的领域自学钻研下去，但我却选择了自暴自弃；大学里诱惑多，女孩选择也多，我本可以找一个自己真正喜欢的谈一段刻骨铭心的恋爱，但我却总是三心二意、敷衍了事，只为打发时间；大学里生活、学习自由，我本可以努力去培养一些自己的兴趣爱好多看几本书，但我却几乎都把时间给了游戏，玩得不分白昼黑夜。

我们每个人又有谁没有或大或小的梦想呢？但如果在你的生命即将到达终点之时，你才发现自己不仅与自己的梦想擦肩而过，还因为自己当初得过且过、自暴自弃、敷衍了事的生活态度让自己变成了一个庸俗不堪、被生活牵着鼻子走的人时,那么那时的你也许会恍然大悟:原来生命中最痛苦的事,不是失败,而是我本可以,但却没有。

而这大概也就是人这一生为什么要努力的缘故吧。

当然你依然可以不努力,但最后的苦果也理所应当应由你来品尝。

根本没有那条"更好的路",只有一条路,就是你选择的那条路。关键是,你要勇敢地走上去,而且要坚持走下去。比别人多一点努力,你就会多一分成绩;比别人多一点志气,你就会多一分出息;比别人多一点坚持,你就会夺取胜利;比别人多一点执着,你就会创造奇迹。坚持自己的选择,不动摇,使劲跑。

不要做廉价的自己，不要随意去付出，不要一厢情愿地去迎合别人，圈子不同，不必强融！将时间浪费在别人身上，倒不如专心做自己喜欢的事情。永远也不要高估你在别人心中的地位，其实你什么都不是，你就是个普通人，所以你除了努力别无选择。

放心，你的努力才不会白费

[01]

此刻已经是深夜，我还在美术馆忙着下一个展览的事情。从策划展览到布展，耗费的精力不可估量，精神一度萎靡不振。对面陶瓷馆也在亮着灯，拉胚机还在转动着。

"还不走？"

陶瓷馆的首席制陶师跑过来，倚在门口和我说话。

"你不也在拉胚吗？"

他转身回陶瓷馆，泡了一杯咖啡给我送过来，说："如果累的话，过来玩泥拉胚放松下。"

他今年33岁，别看现在是陶瓷馆的首席制陶师，3年前他还是一个即将步入中年男人行列的一无所有的草根。

30岁以前的他是做建筑设计的，工作很辛苦，压力非常大，头发一绺一绺地掉，像霜雪吹满头，人未老已白首。

29岁的时候，和他谈了5年恋爱的女友提出分手，只因为他工作忙没时间陪她还没钱，看不到未来，又不想同甘共苦，分手的时候，还拿走他全部的积蓄。

和女友分手后，他对人生感到困惑和迷茫。在建筑设计领域做得一塌糊涂，勉强糊口，还把女友搞丢了，人财两空，要多失败有多失败。

想转行做别的，却不知道做什么。从头学起，会不会太晚？当时的他像无头苍蝇一样乱撞乱碰，对人生充满了绝望。

他说："那段时间我常这样问自己，除了这份朝九晚五，不对，天天加班到深夜的工作，身体越来越吃不消，又没有任何一技之长，我还能做什么？怎么过上想要的生活？难道我的人生就这样了？"

[02]

在消沉中，他遇见了他的大学老师。他的老师开了一家陶瓷馆，刚起步。他的老师叫他去陶瓷馆玩玩泥巴，放松一下心情。

他坐在拉胚机前，认真专注地捏泥的时候，完全忘记了时间的流逝。那一刻，他只想好好打磨手中的泥团，将它们捏成自己想要的样子。揉泥巴的过程，像是在与心对话。

老师说："你来和我做陶瓷吧。"

他说："我都30岁了，这是手艺活，人家十多岁就开始学，我现在来做这个会不会太晚？"

老师说："只要从现在开始努力，最坏不过是大器晚成。相信自己，你要成为何种人，就该为之努力。"

他像打了鸡血一般，被老师的话打动了。回去后就辞职了，和老师一起做陶瓷。

他说："老师50岁了，还愿意折腾，舍弃大学教授的名誉和地位，窝在陶瓷馆捏泥巴。他并不比我强多少,做陶瓷的手艺也是刚刚和师父学的,我才30岁,怕什么呢?"

在陶瓷馆的日子,他夜以继日地学习拉胚和练习画瓷,日子过得非常清苦,因为是学徒,没有薪资待遇。

这3年,他无法想象自己是怎么度过的。没朋友,没约会,没任何饭局,没买过衣服,甚至很少走出陶瓷馆。在日复一日枯燥繁重的揉泥、找重心的过程中,精心打磨作品,并竭尽全力。

虽然也累,但那只是身体的累,精神是愉悦的。精疲力竭的身体给人安心的感觉,他是非常享受这种专注和安静的。做陶瓷的日子里,他早已忘记外面的世界。累了,看看书,种几盆花草,这便是他业余时间所有的娱乐。

他说,人活着,要做喜欢的事情,才不算白活。能找到想做的事,能做想做的事,很幸福。能安静地做陶瓷,她很知足。

经过3年的努力,他做的陶瓷都卖出去了,还有许多签约订制的,从一无所有到吃穿不愁,从学徒到首席制陶师,这一路走来,跌跌撞撞,但很有成就。在做陶瓷的这条路上,他说他还只是一个新手,还在不断摸索精进手艺。

从来没有不经历迷茫和挫折就能得到的美好,虽然现在的生活仍有许多苟且,但我发现其实苟且也是美好的赠品。

[03]

我想,这世上不会有一样学习叫作浪费,只有一个东西叫作浪费,那就是犹豫不决。当你决定要去做的时候,就放手一搏吧,不要犹犹豫豫,考虑太多反而会一事无成。

最近刷爆朋友圈的最帅最炫老大爷王德顺,为"喜欢就努力追求,年纪再大依然可以活出精彩"做了最好的证明。

他24岁当话剧演员；44岁开始学英语；49岁创造了造型哑剧，到北京成了一名老北漂，没房没车，一切从头开始；50岁进了健身房，开始健身；57岁再次走上舞台，创造了世界上独特的艺术形式——活雕塑；70岁开始有意识地练腹肌；79岁走上了T台。他今年80岁，还有梦，还有追求。

我们有多少人是手握一把烂牌，打出想要的局面的？又有多少人，早早地对人生缴械投降，彻底认怂，过着堕落不堪的日子？

前两天看了麦家的一篇文章，说他的《解密》写了11年，退稿17次，他依然坚持着没放弃。虽然他早已有名气，可在写书的这条路上却仍为自己的坚持而坚持着。

为了写《解密》，他去西藏驻守，在神秘又荒凉的地方，每天都在思考。还反复阅读博尔赫斯的书，甚至他的很多诗都能背诵出来，他的小说也能大段大段地背诵。

在西藏的3年，他像一个僧侣一样，完全沉浸在单调孤独的日子里，可文学生活很丰富，这就足够了。虽然被退稿十多次，稿子一改再改，但最终在他的坚持和努力下，《解密》还是出版了。

[04]

"我没有温柔，唯独有这点英勇，跌下来再上去，就像是不倒翁，明明已是扑空，再尽全力补中。"

听完杨千嬅的这首《勇》，再听别人的故事，也亲眼见证身边的人通过努力长成应有的样子，这让我更加坚定方向。

这些年，我没有为什么事情坚持过，唯有在写作和练书法的道路上，还在战战兢兢地坚持着。

关于写作，到现在，似乎没有拿得出手的成绩。我既没有出书，也没有写出备受欢迎的文章。我不会写现在流行的鸡汤励志文，不会追热点，但我想，只要写得好，咸菜稀饭也会有人欣赏的。

写作这件事情我要做一辈子，只要坚持不懈，每天努力码字，多读书，多学习，提高写作技巧，总会越来越好的。只要时刻准备着，就不怕没有机会。只要打心眼里认可的事情，努力去做，就一定会成功。

其实练书法，也是近一年才开始的。当初还想，一把年纪了才开始对书法感兴趣，顶多也就算是业余玩玩吧，没想出什么成绩。

从对书法一无所知，连毛笔都拿不稳，中锋练不出来，到现在写行草《王羲之圣教序》，有业内人士看过后，还想买我的字，虽然还在临帖阶段，还没有形成自己的风格，但这样的成绩总归是让人欣慰的。

有些事情努力去做了，总会有结果，而想太多不去做，就什么都不会有了。时间过得太快，我不想对不起自己。

还陷在迷茫中的人们，拨开迷雾，找到自己想要做的事情，去努力奋斗吧。只要你肯用心去做，耐得住寂寞，守得住心，所有努力都不会白费。与其待在原地纠结质疑，不如在折腾中看清楚自己。

人生，从你动手去做的那一刻开始，就会变得不一样。不管多大年纪，只要下定决心，一切就都不会太迟。就算大器晚成，也总比碌碌无为平庸一辈子要好。

不要让你的梦想喂了狗，而苟且地活着。

但愿所有的努力都不会白费，但愿纷扰过后能够梦想成真。等哪天，你去了自己喜欢的城市，买下自己喜欢的衣服，过上自己喜欢的生活，就能够正大光明地回望所有经历过的苦难，不再辜负任何遇见，不再埋汰任何梦想，越来越好。

用微笑去面对生活,用真情去书写人生。世界很大,个人很小,没有必要把一些事情看得那么重要。疼痛,伤心,谁都会有。生活的过程中,总有不幸,也总有伤心,就像日落、花谢。有些事,你越在乎,痛得就越厉害,放开了,看淡了,慢慢也就淡化了。

敢于直面这世界丑陋的一面

[01]

我有两个朋友,一个叫爱丽,一个叫苕子。

爱丽大二时认识了男友大牙,大牙比爱丽高一届,两人到爱丽毕业时已经谈了两年。

爱丽和大牙经常吵架,但是转眼又和好,他们真的就属于上一秒还破口大骂、下一秒就抱在一起甜言蜜语的那种。

我们都不太看好他们,毕竟吵架的时候张牙舞爪的样子我们都见过,可是没想到的是,他们熬过了毕业分手季,依旧在一起。

刚毕业时,爱丽面临着就业压力,那时候大牙已经工作了一年,工作稳定,待遇也不差,唯一的缺点就是,需要全省到处跑,只有周末才能待在家里。

爱丽那时候还没找到工作,大牙让爱丽搬去和他一起住,出门时也会让她跟着一起,去黄山,去宣城,一起去没去过的山水小城,看风看树看星星。

一直到后来，大牙的公司开始走下坡路，工作开始越来越难，工资也开始越来越少，爱丽为了减轻大牙的负担，找了她毕业后的第一份工作。

第一份工作是做文员，说是文员其实并不是。

那是一家刚刚成立的不怎么正规的代办信用卡公司，爱丽的工作就是每天接听银行回访电话，拨打客户电话，询问客户资料，填写申请信用卡信息，所以每天爱丽的办公桌上都有五六部手机，这么繁重的工作，有时候还会有别的同事刁难，将失误栽赃到她头上，将难搞的客户都丢给她。

爱丽对这个行业并不是很熟悉，往往不知反驳，而是默默地打碎牙往肚里咽。

这些事情让她忙得焦头烂额，家里给的生活费都用完了，已经工作了的爱丽不愿向家里伸手，于是每天都只买5个包子，那就是她一天的饭食。

爱丽说幸好老板人很不错，偶尔莫须有的错误，都不会怪她。老板跟她说，他知道，这些事情都不怪爱丽。

即使这样，说实话我还是并不看好这份工作。我问爱丽："为什么你要做这么不熟悉的工作？况且同事还这么难相处。"

爱丽笑着说："因为底薪高啊，加上提成有三四千呢！我是个小富即安的人，钱够用就行了，一般毕业生可能只有1000多再加提成。"

我不能说她的想法不对，确实，我还做过一个月800的工作，毕竟刚毕业的普通大学生工资确实低。

半个多月之后，爱丽找我说："我今晚和别人吵架了。"

"怎么了？是工作上的吗？"我问她。

"不是。"她发来一个难过的表情说，"是因为房子的事。"

接着她发给我一个两分钟的语音，我听完后才知道，原来是因为他们租的房子离两人上班的地方太远了，现在他们想重新租一个，可是原来的房子还有一个半月到期，如果现在搬走了，不仅两千多元钱的押金要不到，连后面一个月的房租都还要付。

我知道，那时候别说两千元钱，就算是两百元钱，对于他们来说都很重要。

在和房东交涉后，房东答应他们可以找别人来租。

我问爱丽："这不是解决了吗？"

爱丽说："没有，本来我们联系了一对中年夫妇来看房，女人答应要租下来，合同都签了，结果3天后又打来电话说不租了，原因是房租太贵。"

那时候的大牙和爱丽被房子这件事弄得精疲力竭，爱丽说，真想一觉醒来就是若干年后了，我们都熬过了最苦的日子并且小有所成。

最后中年夫妇还是答应租了，因为爱丽和大牙帮她们出了400元钱的房租，原本1100元的房租，中年夫妇只需要出700元。

[02]

夏末秋初的时候，爱丽告诉我，她想换工作。

我以为是她迷途知返知道那份工作没前途了，她说不是的，她原本只准备上到年关后重新找个好点的工作，可是办公室里一个平时跟她相熟的朋友对她说，这个公司快要不行了，好多员工都走了，爱丽不信。

结果当天晚上，一个同事问她要客户资料看，说是要电话回访，那个员工是有权利看这些的，爱丽毫不犹豫地拿给她了。可是第二天，那个问爱丽要客户资料的员工带着办公室的其他三个员工辞职了，并带走了大半的客户。老板知道后大发雷霆，问了之后才知道是爱丽将客户资料拿给她的。

爱丽当场就吓蒙了，哭着说："我不知道她今天会辞职，昨天她问我要我就给了，对不起，对不起，对不起！"

最后，老板没有怪爱丽。爱丽以为是老板明察秋毫，可我却认为，是因为爱丽的那个破公司只剩下了两个员工，如果再把爱丽骂跑了，这破公司也别开了。

最后爱丽还是换了工作，因为之前的员工走后，办公室里剩下的就只有她和那个总是栽赃给她的人，她说实在不习惯公司里的钩心斗角，她可当不了甄嬛。

离开那天刚好做满了一个半月，除去已经发了工资的那半个月，爱丽去找老板要工资时，原本3000多的工资，只给了1200，爱丽问老板为什么。

老板笑着说："你还好意思问为什么？之前工作上那么多小失误，我扣你300还算少的吧？加上你生病请假，一天算100，还有所有的周末加起来，我要扣700你没话说吧？特别是那泄露的客户资料，本来这件事发生了，你一毛钱都别想得到，我实在是看你一个小姑娘不容易，还给你1200元，你还有什么话说？"

爱丽当场就气得满脸通红，她没想到，什么事情都能成为扣工资的理由。

她问老板："你不是一直都相信我的吗？不说是那些失误不怪我，资料泄露时，她也并没有辞职，有权利看客户资料吗？"

"谁知道你们是不是一伙的？再说，我相信你，别人能相信你吗？"

老板最后这句话让爱丽彻底火了，可是她无可奈何，毕竟现在是人为刀俎我为鱼肉。她耐着性子，憋住怒火说："那算上提成呢？我的提成。"

"提成？一共就那么多，你要就要，不要就走，我是一毛钱都不会再多给了！"

我知道的，爱丽原本和我说，这些钱，除去生活费，她还准备给父母买双鞋，给妹妹买件衣服。

那种情况下,要是搁以前的脾气,爱丽一定破口大骂了,可是,生活就是这样,将你磨棱去角,教你为人处世,可是却也磨平了人的所有锐气,最后会变得委曲求全,无可奈何。

爱丽失去了工作,这点钱连生活费都不够,她想到了那2000多元钱的押金,打电话给房东,房东一直顾左右而言他,爱丽直接问房东:"2000元的押金我们只要一半,你给还是不给?"

房东说:"你先别说这个,我原本放在出租房的一个小罐子现在不见了,是不是你们住这儿的时候拿的?"

爱丽压根没见过这罐子,她知道,房东是不想给了,爱丽握着电话的手使劲地攥着,她忍不住骂了句脏话!

最后她问房东:"押金你是不是不准备还给我们了?"

房东说:"怎么会,你怎么把我想成是这种人,你刚刚说的是脏话吗?我儿子女儿那么小都不会这么跟我说话,你真是没家教,那么点小屁孩怎么张口就是脏话?是不是没大人教啊……"

到挂电话,房东还是没说押金的事,爱丽被房东的话气得发抖,她觉得,这应该是她感受到人性最丑陋的时候。

走到家里的楼道口,手里握着仅剩1000多余额的银行卡,爱丽蹲在楼道里号啕大哭,她说她原准备给爸爸妈妈买双鞋,她说她原本还想给男朋友过个好点的生日。

她说她从没恶毒过,为什么这个世界上的人都不能善良一点。

[03]

我的另一个朋友,苢子,毕业两三年了,跟着一个刚上大学就开始谈的男友,拿着不怎么好的大学毕业证,蹉跎了很久,才成为一家公司的平面设计师。

我曾问过她:"这个平面设计师和大学专业压根不一样,你是怎么想到做这个的?"

她一边浏览着电脑上的PPT,一边看都不看我一眼说:"我上大学的时候就知道这个学校不怎么样,所以只好趁着课余和周末,报了些课外班。"

后来我才知道,她说的课外班,是瑜伽、平面设计、英语,还有糕点制作。

苊子说,原本她也想不到这些课外班能帮她这么多,还一直在小公司里浪费了那么久,薪水没捞着不说,还什么都没学到。

她说这句话的时候我确实想到了爱丽。

苊子也曾遇到过和爱丽一样的遭遇,起初她也是除了眼泪什么办法也没有,时间久了见的多了才开始不悲不喜,不去抱怨这个世界上这么多的黑暗和丑陋。毕竟世界上所有的东西都是相对的,谁能保证每个人都善良、每件事都美好呢?

然而我知道,她们一定是不同的,苊子喜欢穿高跟鞋,漂亮的公主系列的,步行街上所有鞋子专卖店的贵宾卡,她都有。

她还喜欢网购,总是能在淘宝上淘到高才生的东西。

她的手很巧,喜欢帮别人编头发,无论什么样式,她只要看一遍就会。

她甚至喜欢讲黄色段子,喜欢在和熟人聊天的时候甩出一个黄段子。我记得大学的时候她曾和我说,她最大的梦想就是,和我一起写一本小黄书,然后赚了钱去韩国隆个胸,再瘦一下她的麒麟臂。

可是就是这样的苊子,却也遇到过和爱丽一样的遭遇。

在结束一份工作跳槽到一家公司的销售部后,苊子始终保持着警惕,因为她知道,现在的工作和交际中,唯利是图的人太多了,她只求人不犯我我不犯人。

初进公司的时候,公司里的同事都很友好,苊子也跟着老员工拉了不少单,开始干劲十足,可是就是因为这样,那个老员工觉得莒子抢了他的单子,开始有意无意地排挤莒子,出去谈生意都找借口不带着莒子。

莒子不是傻子,当然知道这是什么意思,没有师傅带着的这几天,她的销售量确实少了不少。

拿到第一个月工资的时候,莒子积极地缓解和同事的关系,单独请了那位老员工吃饭,饭桌上莒子喝了点小酒,拉着老员工一直在说不好意思,以前受他照顾有点耽误了他。这样一说反倒是老员工有些不好意思起来,摆手说没事,以后要是有不会的,尽管跟着在后面学。

那天晚上聊了好多,第二天老员工就像以前一样带着莒子,开会时还会帮她说说话,莒子觉得,这份工作终于能坚持下去了。

每天下班后,莒子开始写工作日记,她将所有的经验和细节都记录下来,久而久之,莒子的业绩越来越突出。俗话说树大招风,公司里和上司最亲的人开始背后议论莒子是不是用了什么不正当手段,莒子一直没放在心上。

到后来爆发时,导火索是一餐饭,公司里有小灶,可以做吃的,老板规定每个员工必须轮流做饭。

莒子觉得这个规定很无聊:我是来上班的,为什么要给你做饭?你说好的包吃没有实现就算了,为什么我还要做饭给你们吃?

因为这件事,老板把莒子骂了一顿,当着整个办公室人的面,说莒子没有团队意识,不愿吃苦,自私,不愿为他人着想。莒子刚开始还心平气和地解释,老板根本不听,说莒子是不是要顶嘴,要是不想干了就趁早滚蛋。

莒子一直没说话,她一边默念不要生气一边想着晚上是吃麻辣烫还是黄焖鸡米饭。

最后莒子没离开公司,倒是那个骂她的女老板比她先走了,听说是因为她是空降兵,将她塞进公司的那个上司倒台了,她也就跟着走人了。

苜子想：你看，还好我心态好，我要是一直跟她对着干或者每天以泪洗面，最后先走的就是我了。

[04]

新来的老板是个大叔，一身痞气，爱讲笑话，混在员工内部毫无代沟，他规定只要每天的工作完成了，平时怎么都行，这样的新老板办公室里每个人都叫他大哥。

大哥上任后看了每个人的简历，然后将苜子叫到办公室问她，对之前那个上司印象怎么样。

苜子说："在我没彻底了解一个人之前，我不会对她做任何评价。"

大哥笑着对她竖着大拇指说："据我所知你们相处得并不愉快，她甚至还针对过你，那你为什么还留在这个公司？"

"幼儿园老师就教我做人要大度一点，心宽一点。"其实她更想说，总要宽容掉这些讨厌的人和苦涩的日子，不然生活怎么过？

大哥点点头说："这个世界都不善良，你只能宽容一点。"

苜子觉得这话说得太对了，她笑着点了点头。

结束谈话后她转身准备离开办公室，大哥又叫住了她，"苜子，你明天去设计部报到吧！"

"啊？"苜子惊讶得说不出话来，"设计部？"

大哥在他身后笑着说："我看过你的简历，有平面设计师证，而且大学时还一直在一家公司兼职平面设计师，你有证也有经验，我相信现在的工作也并不是你想要的吧？"

苜子就是这么得到平面设计工作的，想想都像做梦一样，之后在一次私人聚餐时苜子邀请了大哥。大哥说："其实如果你当时说出了对前任老板的满腹抱怨，我就不会安排你去设计部了，因为这世界的丑陋太多了，如果太斤斤计较，一个不好的事情就能将你击倒。那样的你，是不适合在公司继续待下去的。"

大哥的话苈子也赞同，这世界的丑陋太多，怎能轻易就被击倒？

时至今日，她已经在设计部小有所成，按揭买了房，也和男友订了婚。

苈子说虽然过程很煎熬，但她始终记着，那段曾经更煎熬的日子，那些被房东骂，被老板莫名扣工资，许许多多个难熬的日日夜夜。

[05]

对，爱丽就是苈子，苈子就是爱丽，她们是同一个人，不同的是，爱丽是3年前的苈子，苈子是3年后的爱丽。

我还时常记得苈子对我说的，她说她看过很多鸡汤文，说这个世界怎么怎么美好，可是事实上这世界依旧是这样子，光明和美好是有的，可是黑暗和丑陋也是不缺的。

总有人被鸡汤影响了，以为人都是善良的，世界都是美好的，从不去直面这世界黑暗的一面和人性丑陋的一面，于是工作后就开始怨天尤人，手足无措地问，这世界怎么和鸡汤上写的不一样？

她说她就是得到了现实的教训才明白了这个道理，那些最难熬的日子，都是她咬着牙一秒一秒地数过去的。

她说这么讨厌的人和这么苦涩的日子都遇见过，熬过去了，现在也没什么好怕的了，总要让心大一些。

你想过普通的生活，就会遇到普通的挫折。你想过最好的生活，就一定会遇上最大的伤害。这世界很公平，想要最好，就一定会给你最痛。能闯过去，你就是赢家；闯不过去，那就乖乖地做普通人。

请记住一定要带上勇敢,勇敢地说,勇敢地爱,勇敢地闯。不被别人的嘲笑打倒,不被自己的虚荣羁绊。只要方向正确,就一定能闯出一片开阔美好的天地。

你之所以不快乐,是因为你不知道要什么

我有个让人非常尊敬的朋友,是个姑娘。这个姑娘基本不上社交网站,有的时候在豆瓣看看英剧,这大概也就是她大部分的网络活动了。剩下的时间她都在学习。

姑娘学习好,是我们学校历史系的,GPA(平均绩点)比美国学霸都高。我以前在电视台实习的时候请她翻译过一期古诗词的节目,姑娘翻译的古诗词信达雅,读起来唇齿留香,我们制片人都说从来没有见过这么专业的翻译。我笑一笑说:"这不奇怪,这个姑娘就是这块料。"

我之所以尊敬她是因为她明白自己要什么,然后她就不在乎别的了。所以她从来都是泰然自若,包括考试的时候也不见她焦虑。她不想挣大钱,不想跟人争,只想好好研究历史,以后在象牙塔里过和书本打交道的日子。

前段时间有个学妹问我:"中国人都不喜欢出头的人,如果一个人有点成就,别人就会在后面说三道四,那你怎么办。"

我说那你就别在乎啊。要么你就活在别人的眼光里,小心谨慎,要么你就别在乎,不然得多焦虑啊。我不是说让你不要在乎别人怎么说,而是

知道你自己要什么,剩下的就别要了。做好一个选择,坚持这个选择。

最近看见一篇文章,叫《我为什么讨厌心灵鸡汤》,文中举了一个这样的例子:

一个大学生问于丹:"我和我女朋友,我们毕业后留在北京,我们俩真没什么钱。我买不起房子,就租一个房子住着,我们的朋友挺多,老叫我们出去吃饭,后来我们就不好意思去了,老吃人家的饭,我俩没钱请人家吃饭。我在北京的薪水很低,在北京我真是一无所有,你说我现在该如何是好?"

于丹答:"第一,你有多少同学想要留京没有留下,可是你留下了,你在北京有了一份正式的工作;第二,你有了一个能与你相濡以沫的女朋友;第三,那么多人请你吃饭,说明你人缘挺好,有一堆朋友。你拥有这么多,凭什么说你一无所有呢?"

大学生:"哎,你这么一说,我突然间还觉得自己挺高兴的。"

说完,于丹似乎对自己的回答挺满意,露出会心一笑。

我们如果不加思考,便会像这位大学生一样,满心欢喜地全盘接受于丹给出的答案,因为那看起来似乎有理有据。但如果你仔细思考,便会发现问题所在:大学生阐述自己的问题,诸如买不起房、没钱请人吃饭、薪水低,实际上问的是物质上的一无所有,他寻求的是怎样解决这个问题。而于丹巧妙地绕过了他这个问题,答的全部都是精神层面的东西。

这个大学生没有得到他想得到的答案,居然还觉得于丹回答得很好。这说明,当一个人情绪失落之时,往往更容易被人牵着鼻子走,而忘记了自己最初想要的东西。一些感性的人尤为如是。

一个本来逻辑不清的人,如果总是采取这样的方式来看待问题,只会让他的逻辑越来越不清楚,这时问题仍然没有解决,烦恼依旧在。这就是为什么当一个人在看完鸡汤文之后,感觉浑身充满力气,而过一段时间后,又感到烦恼起来——因为他们喝完一碗鸡汤后,还得面对真真实实的问题，不可能永远活在鸡汤的世界中。一个人如果在刚入职场的时候用这样的态度来对待每一件事情，耽误的可能只是一两年，如果一直持续下去，耽误的将会是一辈子。

我觉得这说得很对，这就是为什么你到处看各种鸡汤文还有烦恼的原因，因为烦恼没有从根本上得到解决。如何从根本上解决问题呢？就一句话：你别什么都想要。

是的，你还年轻，想要的太多了。大房子豪车游泳池，出国留学炒股挣钱，帅哥男友美女女友，最后你还怕得到了以后不快乐。的确，你的朋友们似乎都得到的比你多，然后他们可能还在你面前炫耀两句，弄得你心特别痒痒。

你是多想成为一个成功人士啊，出头给那些瞧不起你的人看看！可是你有没有想过，你为什么要去做个成功人士，你为什么要去跟他们比，你自己要的是什么？如果你想奋斗，把别人挤出去，那就不要还想过平凡生活，那就别在乎别人在后面说你。

有人会问我：你这么多年在国外，不孤独吗？我说孤独啊，但是我觉得孤独没什么不好的。就像我先前提到的那位姑娘，你若是问她：你这么努力，但是以后当个教授，编个书，又辛苦又没钱，不痛苦吗？然后她一定会说：辛苦啊，没钱啊，但我觉得这没什么不好的。如果有人问你：你这么努力，也许在努力的过程中失去了爱情，失去了朋友，失去了很多自由，不痛苦吗？然后你说：我的确失去了爱情，失去了朋友，失去了自由，但是这没什么不好的。那就算你赢了。

我们从小就被比来比去，导致到了独立的时候这个习惯还深深扎根在身上。我记得第一次给我妈发男朋友照片的时候，她非常怀疑地问我："他是不是特别聪明？"我说不是。然后她问我他真的就这么高吗，我说是啊，怎么了。她继续问我，说他毕业了以后打算找什么样的工作啊。我说他从来没实习过，也完全不知道自己要干吗。他可能有些不思进取，但我没觉得不思进取是件不好的事儿。我自己努力，不代表也要求他努力。

我妈沉默了。毕竟从一个中国家长的角度来看，他完全不优秀，也不帅，所以我妈就不能理解。我跟她说，我很喜欢他，我们在一起挺开心的。

然后我妈问："那他是不是跟你聊特别有深度的话题呢？"

我说："我和我同学聊深度话题，不和他聊。每天都聊学术问题多烦啊。"

我妈又沉默了。我说："妈，你想让我跟一个高的、聪明的、长得帅的人在一起是觉得那样我会幸福，我知道，但是我不用那样就可以幸福。这不是挺好的吗？"

虽然后来他毕了业我们没在一起，但是现在回头看我还是觉得那时真的很幸福。我们聊天的时候虽然没有深度话题，但就是很开心。我要的是这种感觉，而不是达到某个标准。

也许让你真正快乐的并不是爬到金字塔的顶端，而是知道你并不想爬到顶端。当你对自己有了明确的标准之后，你就不用在乎别人的标准了，他们在你身后甚至是你耳边说什么都无所谓了。

就像小时候读的那个故事，两个人走进一个全是珠宝的山洞，一个人拿走自己需要的几根金条然后离开，另一个人想要全部的东西，于是不停地往口袋里装，但是洞门关闭了，他最后死在里面。你说谁更快乐呢？但是如果有一个人，他就是喜欢满手珠宝的感觉，于是他选择和珠宝在一起，被埋葬在山洞里，那么他也是快乐的。

给自己一个方向，不求地老天荒。给自己一个目标，不必一路慌张。酸甜苦辣我自己尝，喜怒哀乐我自己扛，愿你眼中总有光芒，活成自己想要的模样。

如果你想任性，那就先学会承受，能承受后果才可以任性。如果你想独立，那就先学会坚强，学会坚强才可以独立。如果你想放肆地爱，那就先学会遗忘，只有能忘掉失恋的痛楚，才可以大胆地爱。你可以去做一切事情，但前提是不会为结果伤悲。一个人真正强大，并非看他能做什么，而是看他能承担什么。

你之所以烦恼重重，是因为你还不够强大

前些日子，我的老同学大宝去参加一个面试。那是一家该地区排名前三的企业，专门挖行业精英，开出的薪水很高。当然，业内精英也是趋之若鹜。

大宝算是高才生。面试前，我们都觉得这个岗位简直是为他量身定制的，所有人都说："大宝，如果你进不了，那就是绝对有黑幕啊。"

可是，他并没有通过面试。据说面试了三轮，按比例淘汰，最后在两个人中选一个。大宝是二选一中未录用的那个人。

我们都在群里为大宝可惜，说实话，业内谁不想去那个公司呢，但竞争就是那么残酷，有时无法避免被淘汰。

"有内幕吗？是不是内定的？"

大宝说，不管有没有，输了就是输了。说到底，没有选你，不是因为别人太优秀，而是因为你实力不够。

"如果失败总是不在自己身上找原因，那么失败会永远跟着你。"我

大概永远记得大宝的那一句话。

经常有读者问我：为什么升职的不是我？为什么有荣誉的不是我？为什么失败的总是我？

我总是告诉他们：可能你的实力还配不上这个岗位。你要相信一件事，世间所有的竞争，最后拼的都是你自己的实力。

优秀的企业，不会愿意让一个优秀的人才流失。优秀人才流失，从某种意义上说，就是走下坡路的开始。而同样，优秀的企业也绝对不会关照一个没有实力的人。企业效益的最大化，某种意义上是人才能力发挥的最大化，而前提是，你必须是一个人才。

每一个岗位都需要最优解，这样才能使整个企业获得最大效益。

老板傻吗？当然不。每一个老板都特别精明。他们宁可花20万元雇一个可以给他创造500万元效益的员工，也不愿意花2万元雇一个只能给他创造50万元效益的员工。只要你有足够的实力，就根本不需要担心实力之外的东西。

我一个朋友是开广告公司的，主要面对的是地区品牌业务。他说，一开始涉足的时候，他发现自己总是拿不下好的品牌，商家宁可去比他价格高一倍的广告公司投放广告。

"你知道吗？就是你给出了明显的低价，你却发现，人家还是不会选择你。为什么？不是因为对手太强，是因为你实力不够。当你能够和别人有同样的实力，或者能力高于别人时，你才有足够的话语权。"

通过不断地打造品牌，提高广告的辨识度，几年后，他有影响力了。然后很多从前拒绝过他的商家，都纷纷奔向了他。他甚至还骄傲得不行——绝不还价，但客户还是源源不断地增加。

不是别人太优秀，而是你实力不够强，当你能够与别人比肩，有自己的无可替代性时，那么自然会有你的一席之地。

大品牌投放的时候，可能会更倾向于优质的、有影响力的广告公司。

当你需要大品牌提升你的层次时，某些时候，品牌也需要一个优质的广告公司来提升自己的层次。这个时候，别总是去关心别人是否优秀，你的实力如何才最重要。当你有足够的实力时，就有了足够的话语权，有了足够的话语权，也就有了选择权。

师傅以前经常和我说，多放心思在能力上，少放心思在职位上。你的能力可以在你离开的时候带走，你的职位在你离开的时候带不走。

我工作五六年之后，已经不太喜欢在失败时说，"一定内定，一定有关系"。

说到底，不是别人造成的，其实是自己没实力。

把自己的失败归结到其他原因上，并不是一个明智的做法。而真正明智的做法是：要么努力得到，要么离开去得到你想得到的。

所谓庸人自扰，无非是，你总是苦恼不该苦恼的，而收获不了应该收获的。

所以，如果你失败了，请坚强并执着地努力下去。谁都有失败的时候，谁都曾经历过失败，没什么好沮丧的。

实力不够就努力补上实力，别在年轻的时候蹉跎时光。若干年后夕阳下的好时光都属于年轻时奋斗过的那一群人，因为他们知道该如何努力，才能让自己过上好日子。

真正强大的人，从来不需要去碾压别人，更不会表现出极端的强势。相反，他们非常柔和，让人如沐春风，但身上却自带强大的气场，在智慧与见识的支撑下，让人倾倒，而不是浑身带刺、思想偏激，令人敬而远之。

不要埋怨世界现实,让自己强大才是给自己最好的安全感。

让自己强大到不再受委屈

[01]

一位姑娘说,她今年刚毕业,因为学校不是很好,学历也不高,所以很久都没有找到合适的工作,后来自己降低要求,去商场当促销员了。

可是她并不是一个非常善于沟通的人,所以和卖场的人关系一直平平,业绩也处于中下,看着其他促销员每个月拿着丰厚的提成,非常羡慕,却不知如何改变现状。

有位经验丰富的老促销员大姐看她无助,就主动向她传授自己的经验:干促销这一行,太被动不行,太死板不行,脸上笑容要多,嘴巴要甜,要根据不同的客户,立刻判断出应该用什么样的态度去应对,总之就是要灵活应变,主动一些。

姑娘试着用大姐教她的办法调整自己,没想到真的挺有效果的,每天卖掉的东西比平时多多了。

她很高兴,更加卖力地去做。

前几天,有个衣着光鲜的中年太太过来,她很热情地招待对方。

那位太太显然对商品已经很了解了,只是问她,能便宜点吗。她说可以在自己的权限里为她争取最大的优惠,对方表示优惠力度还不够大,问她有赠品吗。

她想起大姐的交代，不能太死板，想到公司的另一个产品有配套的赠品，还挺不错的，想着用来满足这位太太的需求，应该也可以吧！就答应对方说送她一套赠品，那位太太终于满意了。

[02]

但是临付款的时候，却发生了一个小插曲，那位太太说："赠品我不要了，你给我折现抵掉吧！"

姑娘傻了眼，先不说这赠品是从另外的商品里拿来送她的，就算是本身附带的赠品，也不能拿来折现啊！

她耐心地对那位太太解释，公司不允许这样做，自己也没这个权力。

那位太太不干了，既不肯取消订单，也不肯按照规矩付款，并且指责她服务态度不好，欺骗顾客，要投诉她。

她觉得非常委屈，当场就气得眼睛泛红，那位太太见状，更是不依不饶，说她扮可怜。商场的督导知道后，不分青红皂白，就把她骂了一顿，责令她向那位太太道歉。

她不肯，还是那位大姐过来给她解围，让她先回去，她来处理。

姑娘问我："难道生活在底层的人就不配有尊严吗？我只想凭自己的双手吃饭，挣我应得的钱，我谁也不惹，谁也不招，为什么这世上刻薄的人那么多，不给我们这些人一条活路呢？我想辞职，可是不知道接下来可以去哪里……"

[03]

我很理解姑娘的委屈，当年我在职场的时候，也有过一模一样的心情。记得那时候我刚进公司没几个月，突然遇到台风天气，我至今都清楚地记得那次台风，公司决定第二天也就是周三放假，周六再补上。

周四上班时，我接到一个电话，我只说了一句您好，对方就突然对我破口大骂。

我一头雾水，完全不知道怎么回事，听对方的声音，应该是个中年男人。莫名其妙被骂，我肯定也很生气，但碍于人在公司，不敢回敬，只是问他是否打错电话了。

他说没有，我找的就是你。我说请问你是谁，他说你不用跟我装失忆，昨天你不是很牛吗？还敢挂我电话，你胆子很大嘛！老子活了这么大年纪，谁看见我不得恭恭敬敬的，你居然敢挂我电话，我要去你领导那里投诉你！

我很严肃地告诉他，昨天因为台风，公司放假，我根本就没上班，怎么可能接电话，更不可能挂电话。

对方说你少来这一套，昨天接电话的明明就是你，你居然敢挂我电话，你居然连×××（对方的单位）的人的电话也敢挂。

我也火了："×××就了不起啊，就可以去欺压别人吗？要别人尊重你，你得拿出素质，挂你电话又怎样？我现在就挂给你看！"

然后，我就把电话挂了，对方又打了过来，我摁掉，他再打，我再摁，后来干脆把电话线拔了。不得不说，当年我真是性情中人啊！

[04]

大概过了两个小时吧，领导打内线让我过去，原来是那家伙不知道用了什么办法，给我领导发了消息。

我并不害怕，把事情经过说了一遍。领导抬头看看我说："其实，有些时候，即使对方不对，也不用正面回击的。"

我郁闷地说："您没听到他是怎么骂我的，我完全不知道怎么回事，他还一再强调他是谁，真搞笑，人必自重而后人重之，这种人还要我尊重他？他不配！"

领导看了看我气呼呼的脸，说他知道了，让我出去了。

当天晚上，另一位领导约我吃饭，当时我的主要工作是和大Boss（老板）共事，但考核归部门，约我吃饭的，便是部门领导。

他告诉了我事情的真相。

台风放假后，部门领导认为星期三我们办公室不能没人，怕有重要的事，于是安排了一位新入职的同事值班。电话就是那位同事挂的，部门领导问过她为什么要挂电话，原因也是对方颐指气使地对她，并且出言不逊，她忍无可忍，就挂了。

我恍然大悟地说，这人的人品差到这程度了，我们人人都挂他电话，他就不找找自己的原因？

[05]

领导笑着说："我都不知道我们部门里的女孩子都是女汉子，一言不合就直接和人干架，你们真是天不怕地不怕啊！"

领导告诉我，对方就是一个普通的小科员，四十好几了，也没升迁过，性格相当阴鸷，所以才会来欺负我们这些更加弱小的人。

真相揭晓，我也开始关心起这事的进展了，从领导的态度和大Boss的语气来看，他们似乎并没有责怪我的打算。他们真的都是好领导，以致我离职多年，还感激他们当年的宽容和正直。

领导告诉我，对方一定要我跟他道歉，但是大Boss知道以我的性格，就算把我开除了，我也不可能去跟对方道歉。所以，这个歉，他道了，对方毕竟只是个小科员，也不敢不给大Boss面子，得了些好处，也便罢了。

但我的心里，却无法平静，比当时被人冤枉辱骂更甚。当天晚上，我给大Boss写了封邮件，真心真意地向他道了歉，因为我的鲁莽，让他纡尊降贵去跟那种人道歉。

他的回复我至今还记得：你能给我发这封邮件，说明你成长了。我知道这件事错不在你，因为你刚出校门没多久，心思单纯，绝不会屈服。但是没有谁的人生不委屈，即便是我，也会有很多需要委曲求全的时候。适当地低头，不代表我们就没有原则和操守，而是更好地顾全大局，保护自己。你能承受多大的委屈，就能拥有多大的舞台，不能承受委屈的人，和成功无缘。

[06]

从那次后，我再也没有鲁莽行事过，一来保护自己，二来不给别人添麻烦。

同时，我也明白了一件事，为什么他敢这样欺负我，却不得不给大Boss面子。因为我弱，我小，要避免这种情况，唯有自我强大起来。那些仗势欺人的人，会第一时间承认你的强大。当你弱的时候，他们百般折辱你；当你强大时，他们便会主动点头哈腰来取悦你。谁才能制定游戏规则？强大的那个人。

曾经的我，意气风发，活得无所顾忌，那是年轻的模样；如今的我，再也不会意气用事，并非生活磨平了我的棱角，而是我明白了：过刚易折，柔能克刚，实力说明一切。

没有谁的人生不委屈，这句话不是鼓励我们去受委屈，而是提醒我们应该时刻强大自己，起码做到不是随便什么人都能给我们委屈受。你若不强大，谁都可以来欺负你，而且，你无力还击。这才是最深的悲哀！

我没想过要变得多强大，我只希望自己成为那种姑娘：不管经历过多少不平，有过多少伤痛，都舒展着眉头过日子。内心充实安宁，性格澄澈豁达，偶尔矫情却不矫揉造作，毒舌却不尖酸刻薄，不怨天尤人，不苦大仇深，对每个人真诚，对每件事热忱，相信这世上的一切都会慢慢好起来。

你，就是你的命运。想想挺有道理的。懒的穷，馋的胖，一根筋的天天忙；取悦型人格挺压抑，尖酸刻薄容易滚蛋；纠结的见不到世面，洒脱的一屁股烂账……你给自己什么定妆照，命运就给你什么下场。

因为穷过，你才更富有

那天，跟几个朋友一起逛街，我提议结束后一起去吃烤肉，西西很开心地说"好啊"，小柒跟阿钰的反应却很冷淡。我以为她们有别的想法，就说："如果你们不想吃烤肉，我们可以去吃别的，还是你们晚上有别的安排了？"

小柒犹豫了一会儿说："烤肉我们喜欢的呀，只是月底了，我跟阿钰身上都没什么钱了。"

阿钰接着说道："我身上还有100多元，今天周六，下周五才发工资，我得撑到发工资那天。等领了工资，我们再聚餐吧，不然我下个星期都没钱吃饭了。"

我说："那我们去吃点简单的吧。"

一般来说，上班族在月底都很穷，对于20岁出头刚毕业参加工作的人来说，月底就更容易穷困潦倒了。小柒跟阿钰，一个1993年出生的，一个1994年出生的，都是2015年的应届毕业生，小柒月薪3000元，阿钰稍微多一些，每个月3500元。在上海这座城市生活过的人都知道，一个月3000多元，真的就只够吃饭，而且还要比较节省才行。

后来我们一起去吃了经济实惠的黑暗料理——重庆麻辣烫。小柒和阿钰坐在店里感慨，工资好低啊，每个月钱都不够花，又不好意思再伸手问家里要钱，幸亏公司包住，不然，真的不知道怎么花。每次去逛街挑衣服，再漂亮、再心动的衣服只要一看到价签，就立刻打消念头了，只能上淘宝找同款。

相对而言，我跟西西的经济状况要好一些，毕竟工作的时间更长，资历更深，工资自然也更高些。但我们完全能体会她们的感觉，因为我们刚毕业的时候，一样穷困潦倒，一样地经历过每个月不盼星星、不盼月亮只盼着亲爱的财务总管发工资的生活。

不想饭桌上的低气压一直持续下去，西西鼓励她们，说刚毕业穷一点很正常，我们那个时候也很穷，可能比你们还要穷，但只要努力工作，涨工资是一件很自然的事情。

2011年，是西西最穷的一年。

那时，她在一家专门做车展的广告公司当平面设计，合同上签的是3000元，但事实上每个月到手就只有2000多元，每个月还要付400元的房租，住在格子铺一样的群租房里，全部的资产就只有一个24寸的行李箱。

每天同部门的人兴高采烈地讨论今天中午吃什么、明天去哪家餐厅拔草的时候，是她最沉默的时候。她总会趁着大家不注意偷偷地溜掉，绕到公司所在小区的后面，穿过一条细长、狭窄、有点脏兮兮的小街，走到一排黑暗料理街上。

那一年，她吃得最多的是兰州拉面、沙县小吃和麻辣烫，中午的每一顿饭都控制在10元以内。早上还稍微有营养一点，"全家"里面买2个包子和1杯豆浆。晚上呢，不饿的话就尽量不吃东西，或者用黄瓜和西红柿解决。

那个时候，她最怕的就是动辄人均一两百的同事聚餐，因为怕大家说自己不合群，起初还象征性地出现过一两次，后面的每一次，她都找借口推掉了。

但同样是在那一年,她学会了很多省钱的秘籍。

比如,超市晚上9点左右蔬菜和熟食区的东西是最便宜的,哪家超市的日用品折扣力度大,哪个牌子的化妆品会在什么时间段做促销她都知道,买衣服从来都是反季节买,从淘宝上搜罗出了一批物美价廉的精品店铺,家里有好多宝贝都是换购来的。

也是在那一年,她的厨艺突飞猛进。原先在家里只会煮泡面和炒饭的她,学会了炒菜和煲汤,因为平时都很节省,吃的都是地沟油和泡面之类的垃圾食品,所以每个周末她会做一荤两素,偶尔再煲一个汤,给自己补补身体。

她心里很清楚,一旦生病,花出去的钱会更多,所以她会非常努力地扼杀生病、吃药花冤枉钱的机会。她还开始锻炼身体,每周抽出3天时间,去小区附近一所学校的操场上跑几圈,周末不加班的话,就约朋友打羽毛球。

今年是西西工作的第5个年头,现在的她,可以轻松地参加任何朋友的聚会,因为无论什么样的场合她都有埋单的底气。可以在逛街买衣服的时候,更多地关注衣服本身的材质、款式和上身效果,而不是每一次都先看下价签,才决定要不要试穿,可以住在交通便利、环境清幽的小区很舒适的单间里。家里的固定资产,也从来上海第一年的行李箱,变成了N个包包,N+1件衣服,还有一堆外文设计书。

她说,其实她一直都很感谢那一段贫穷的日子。

贫穷像是一个严苛又尽责的老师,推动她不断去学习各种各样的生活技能,教会她更好地生活和照顾自己。贫穷又像是一个市侩的影子,不断用艰难处境冷嘲热讽,使得她更卖力地工作,更拼命地赚钱。

2015年,是我正式工作的第3年,在上海,我依然只是一个靠月薪生活、没什么存款的穷人。但好在,比起刚毕业那会儿的一穷二白,现在的生活充实多了，住的地方也越来越舒适了。

2012年夏天，刚到上海找工作时，我过的是寄宿生活，这周在表姐家住几天，下周在朋友那儿挤几天，如此反复。

签了劳动合同以后，我住进了员工宿舍，不足5平方米的小隔间，里面只有一张上下铺的床和一个非常小的床头柜，唯一的一个衣柜还是我在网上淘了材料自己动手做的。

第二年，工资涨了一些，能出去租房子住了，就跟朋友合租了一间房，两个人睡一张床。

去年下半年，跳槽以后又换了新的住处。现在的房子是120平方米左右的三室一厅，三个人合租的。我的房间是一个20平方米左右的主卧，书桌、书架、衣柜、床等，该有的都有了，还有一个我很喜欢的飘窗，我经常周末坐在那儿，看书、思考或发呆。

最近有了新的计划，打算把飘窗重新规划下，开辟出一片空间种点花花草草。

而这所有的改变，都是受了穷的刺激。

记得有一次，离发工资还有两周，我的钱包里就只有17元钱，那个月，穷困潦倒没钱吃饭的我问朋友借了500元。

还有一次是月底，我跟小唯两个人的所有现金加起来不到300元，家里穷得连纸巾都没有了，我们不得不去超市采购生活用品。

我不经过大脑思考地拿了一条"维达"，小唯连忙递给我一条"清风"，"用这个吧，便宜两元多呢"。

我说："你真是太机智了，帮我省了一笔巨款啊。"

就在这时，身旁飘过了一个白富美，看着我们，翻了个白眼，头一甩，屁股一扭，走了。

小唯说："完了，我们两个被白富美鄙视了。"

那个时候，我们就告诉自己：一定要努力工作，拼命赚钱，不然我们就只有在几元钱上计较的出息了；一定要拼命工作，想办法升职加薪，不然就只有逛不完的淘宝和穿不完的地摊货了。

因为穷，因为不想再依靠家里，所以非常卖力地工作和加班。

因为穷，更加深刻地明白，钱不能带给你一切，但在必要的时候，它能给你应有的尊严，所以努力赚钱是一件特别理直气壮的事情。

后来，我们花了很长时间反思：我们两个为什么这么穷？

工资低？HR（人力资源）乱扣钱？老板小气？不是！这些都不是根本原因。我们之所以这么穷，只是因为自己能力不行，既没有跟HR和老板谈薪资待遇的筹码，又没有跳槽另谋高就的本事。

有些人有远见，进入职场以后，不断地充电学习，提升职业技能，能很快抓住机遇升职加薪，他们不会穷。有些人有耐心，能通过一段时间的积累、沉淀，掌握全新的技能，开发副业，赚取外快，他们也不会穷。还有一些人，嫌弃工资低、待遇差，就干脆辞职不干，自己创业、做生意去了，经过几年的打拼，拥有了属于自己的一片天地，他们更加不会穷。

所以，如果你现在20岁出头，一穷二白，日子过得紧巴巴的。恭喜你，这是生活在提醒你，该停下来，冷静思考，掂量自己几斤几两，然后充电学习、提升自我和学习新技能了。如果你因为穷过而害怕贫穷，平日里但凡有点闲钱，只想着存起来，根本舍不得花，那你就大错特错了。钱就像是水，有进有出才更活络。20岁出头的你，要学会存钱，以备不时之需。20岁出头的你，更要学会花钱，学会投资自己，不断地提升自己的能力、素养和职场竞争力，这才是王道。

因为，最好的投资是投资自己，最聪明的赚钱方式是在提升能力的同时把钱赚到手。

想通这一点以后，西西开始狂看外文设计书和高大上的设计类网站，没事就在那里琢磨大师的作品。自然而然地，她的品位越来越高，做的设计也越来越棒了。

你在广告这个圈子混得久了，就会知道，如果一个人的能力确实很强，那他必然有很多接私活儿的机会，就算他不去找我，别人也会主动找到他。不光是广告，很多行业都这样。

设计水平提高以后，西西理直气壮地在外面接起了私活儿，小到一张海报和一个Logo（徽标）的设计，大到覆盖一个活动的所有设计和一个品牌的全套VI设计。她银行卡的余额后来一直呈现间歇性、跳跃式增长的趋势，过上了我口中幸福的"有产阶级"的生活，一不小心就跨入了白富美的行列。

而我呢，自然是花了一番功夫，捡起了毕业后荒废许久的英语，做一些兼职的翻译工作。

另外，我还从网上找了很多4A广告公司的培训材料和提案PPT，又买了很多广告和策划方面的书籍，花了一段时间集中提高自己做PPT的功力、做提案的技巧和撰写方案的能力，先是模仿高手的经典案例，渐渐地有了自己的风格。

后来，知道我做文案策划的朋友多了，有了许多找上门来的活儿，我开始帮别人写策划方案，比如店铺的开业典礼方案、公司的年会方案、新品推广的企划书，等等。

还有一次，朋友让我去帮他做提案，于是我就顶了某知名公关公司资深员工的假身份，参加了一场全英文的提案，拿下了一个预算蛮高的年会比稿。那次以后，我又开发了一个新的赚钱技能，那就是——当提案枪手。

2015年，我开发的赚外快技能是写作，现在正梦想着有朝一日能过上靠文章稿费和读者打赏包养的幸福生活。

《周易·系辞下传》里面说："穷则变，变则通，通则久。"原来的解读是，事物的发展到了极点，就要发生变化，变化以后才会使事物的发展不受阻碍，事物才能不断地发展。我觉得这段话在本文的语境里，可以这样解读：

你越是陷入贫困处境，越要懂得变通，要想方设法地增加自己的技能，等你能力提升了、蜕变成功了，自然就能赚到钱了，而你赚钱的能力越强，你的身价就越高。

贫穷是最能让刚出校门、初入社会的大学生产生深深的危机感、恐慌感的情境设定，它最能刺激你反思自己：为什么我这么穷，是能力太差、积累不够，还是根本入错了行？它也最能推动你不断地去提高本身的职业技能，开拓新的职业技能。

只要你够努力、够聪明，眼前所有因贫穷引发的尴尬都会成为奋斗道路上短暂的插曲。

别怕，20岁出头的贫穷只是一个过渡期，20岁出头的贫穷可以是最好的增值期。每一个普通家庭的孩子都是这样过来的。

你若成功了，放的屁都是道理；你若失败了，再有道理都是放屁。不要随便把自己心里的伤口给别人看，因为你根本就分不清哪些人给你撒的是云南白药，哪些人给你撒的是盐。拼你想要的，争你没有的。要想人前显贵，就得背后遭罪。最穷不过要饭，不死终会出头！

不怕这个世界对我们残忍，怕的是放纵自己。从今天开始，对回不去的时光说再见，对迷茫、庸碌的自己说再见……努力奋斗，每天微笑，不管遇到什么烦心事，都不要自己为难自己。今天是你往后日子里最年轻的一天，因为你觉悟了，因为有明天，今天永远只是起跑线。越努力，越幸运！

之所以要奋斗，是因为想成为那个更好的自己

[01]

从北京回家的动车上，偶然听到邻座的小姑娘边哭边打电话给家人，她说："妈，对不起，本来说好了赚钱了才回家的……"她蜷坐在座位上，极力压抑着自己的哭声，"但是我尽力了，妈，我不后悔。"

联想起之前看到的一篇文章，有人说他始终不相信努力奋斗的意义。然而努力奋斗的意义，真的只是为了赚钱，或者为了社会所认可的成功吗？

我突然想起我那个日夜颠倒的死党，M。

有一个周末晚上，他发来自己的封面设计，还没等我给出评价，他又说，"不行，我还得再改改。"其实我觉得已经很好了，可是他总是

不满意。第二天中午他把改好的设计给我看了看，电话另一端的他突然叹了口气。

"你说，我们这样日夜颠倒，这么忙碌，到底是为了什么呢？"他问我。

那时我想起一句话，对他说："归根结底，我们之所以漂泊异地经受困苦，是因为我们愿意。我们这么努力，不过是为了给自己一个交代。"

就像那个跟我萍水相逢的姑娘打动我的那句话："但是我尽力了，妈，我不后悔。"

不知道为什么最近出现了很多文章说不相信努力的意义。然而这对于我来说似乎从来不是一个问题，努力从来不等于成功，而成功也从来不是终极目标。那些终极的梦想，其实是很难实现的。但在你追逐梦想的时候，你会找到一个更好的自己，一个沉默努力、充实安静的自己，你会因为自己所做的事情而觉得充实。

[02]

我始终相信努力奋斗的意义，因为那是本质问题。

我朋友曾经问我："如果到最后你的梦想始终没有实现，你会不会觉得很可怕？"

我对他说："没什么好可怕的。"

他看着我说："即使那些努力都没有回报？"

我觉得努力就是努力的回报，付出就是付出的回报，写作就是写作的回报，画画就是画画的回报，唱歌就是唱歌的回报……一如我的死党所说，虽然每次觉得很累，但当他看到自己的作品的时候，心里的兴奋和激动没有任何一样别的东西能够代替得了。

如果你的努力能让自己做自己喜欢的事情，那为什么要放弃努力呢？如果人能够做自己喜欢的事情，谁说这样不是一种回报呢？

我相信，任何人，不管他是个大人物还是小人物，只要做自己喜欢做的事情，就一定是开心的。只要你的努力是为了自己想要做的事情，那么一定会感到充实。相反，如果你的努力是为了你不想要的东西，那你自然而然地会感到憋屈和不开心，进而怀疑努力的意义。

如果你的努力不是为了自己喜欢的、自己想要的，那么请停下来问问自己是不是太急躁了。

[03]

曾经在山区里看到过无邪的孩子们念书的情景，正如那些文里所说，这些孩子也许将来只能接过父母的活计，在山区里继续着他们艰苦的人生。然而他们却比很多比他们家境好的人快乐许多，因为对于他们来说，念书就是念书的回报。

一个曾经在北京漂着的哥们儿跟我说，他也许这辈子也无法逆袭，也许那些高富帅们不需要怎么付出也能做出更好的成绩，但他还是决定继续漂泊，做一个奋斗的草根。他觉得这样子值得，失败了也不会有借口，也算是给自己一个交代。

你说登山的人为什么要登山？是因为山在那里，是因为他们无法言说、难以满足的渴望。

为什么明知道梦想很难实现还是要去追逐？因为那是我们的渴望，因为我们不甘心，因为我们想要自己的生活能够多姿多彩，因为我们想要给自己一个交代，因为我们想要在我们老去之后可以对子女说，你爷爷我曾经为了梦想义无反顾地努力过。

诚然，也许奋斗了一辈子的草根也只是个草根，也许咸鱼翻身了也只不过是一条翻了面的咸鱼，但至少他们有做梦的勇气，而不是丢下一句"努力无用"然后心安理得地生活下去。

你不应该担心你的生活即将结束，而应该担心你的生活从未开始。

其实我在追逐梦想的时候，早就意识到那些梦想很有可能不会实现，可是我还是决定去追逐。失败没有什么可怕的，可怕的是从来没有努力过还怡然自得地安慰自己，连心底偶尔泛起的那一点点懊悔也很快地被麻木掩盖下去。

不要怕，没什么比自己背叛自己更可怕。

[04]

九把刀在书里说过："有些梦想，纵使永远也没办法实现，纵使光是说出来都很奢侈。但如果没有说出来温暖自己一下，就无法获得前进的动力。"

人为什么要背负感情？是因为人们只有在面对这些痛楚之后，才能变得强大，才能在面对那些无能为力的自然规律的时候，更好地安慰他人。

人为什么要背负梦想？是因为梦想这东西，即使你脆弱得随时会倒下，也没有人能夺走它；即使你真的是一条咸鱼，也没人能夺走你做梦的自由。

所有的辉煌和伟大，一定伴随着挫折和跌倒，所有的风光背后都是一座座困苦的高墙。谁没有一个不安稳的青春？没有一件事情可以一下子把你打垮，也不会有一件事情可以让你一步登天。慢慢走，慢慢看，生命是一个慢慢累积的过程。

有一个环卫工人，工作了几十年终于退休了，很多人觉得他活得很卑微，然而每天早起的他待人总是很温和，微笑示人。我觉得虽然他也许没能赚很多钱,但是他同样是伟大的。

活得充实比活得成功更重要,而这正是努力的意义。

[05]

我常说,你是一个什么样的人,就会听到什么样的歌,看到什么样的文,写出什么样的字,遇到什么样的人。你能听到治愈的歌,看到温暖的文,写着倔强的字,遇到正好的人,你会相信那些温暖、信念、梦想、坚持之类看起来老掉牙的字眼,是因为你就是这样子的人。

你相信梦想,梦想自然会相信你。千真万确。

然而感情和梦想都是特冷暖自知的事儿,你想要跟别人描述吧,还真不一定能描述得好,说不定你的一番苦闷在别人眼里显得莫名其妙。喜欢人家的是你又不是别人,别人再怎么出谋划策,最后决策的不还是你?你的梦想是你自己的又不是别人的,可能在你眼里看来意义重大,在他人眼里无聊得根本不值一提。

在很大一部分时间里,你能依靠的只有你自己。所以,管他呢,不管别人怎么看,做自己想做的,努力到坚持不下去为止。

也许你想要的未来在他人眼里不值一提,也许你一直在跌倒然后告诉自己要爬起来,也许你已经很努力了可还是有人不满意,也许你的理想和你之间的距离从来没有拉近过,但请你继续向前走,因为别人看不到你背后的努力和付出,你却始终看得见自己。

我之所以这么努力,是不想在年华老去之后鄙视自己,是因为我始终看得见自己。

因为我想给自己一个风光的机会,趁自己还年轻。因为我必须给自己一个交代。

因为我就是那么一个老掉牙的人,我相信梦想,我相信温暖,我相信理想。我相信我的选择不会错,我相信我的梦想不会错,我相信遗憾比失败更可怕。

撑不住的时候,可以对自己说声"我好累",但永远不要在心里说"我不行"。不要在最该奋斗的年纪选择安逸。当你真心渴望某样东西时,就会给自己源源不断的动力。试着长大,一路跌跌撞撞,然后遍体鳞伤,总有一天,你会站在最亮的地方,活成自己曾经渴望的模样。

CHAPTER 03

诚实地活成自己想成为的样子

人总是在有了年纪、阅历之后,
才懂得思考反省。
回顾过去,审视自己,
才能发现山高月小,水落石出。
否则,很难看清自己是一个什么样的人。

一点一滴地修行,
慢慢学会如实地看活自己,
让自己进化成更好的人。

不论什么情况，都不要让自己留在原地，不管环境多么纵容你，都要对自己有要求，严格自律。或许这暂时不能改变你的现状，但假以时日，它的回馈一定会让你惊喜。对自己有要求的人，总不会过得太差。一边随波逐流一边抱怨环境糟糕的人，最没劲了。

别人看你的眼光，取决于你如何看待和要求自己

[01]

到广州工作后，老黄是我见面交流最多的一位朋友。他是一家小型美容美发连锁公司的老板，在广州有十来家店面，也算是位成功的创业者。

从某种角度看，老黄的个人经历颇具传奇色彩。我第一次见他是在2007年，那时候我在移动公司上班，而老黄是公司一家针对内部员工开放的会所的理发师。

两个人能聊到一块儿去，是因为我发现老黄做事特别认真。这种内部会所运营机制和外面的理发店截然不同，他领的是死工资，和给多少人理发、理发质量如何关系不大。

但不管我什么时候去，都发现他工作的时候永远一丝不苟，有时甚至认真到客户都觉得有些不耐烦。

有一次我问老黄他在会所理发一个月能拿多少钱，才了解到他其实

收入特别低：扣除可以忽略不计的五险一金后，拿到手的钱还不到3000元。并且这份工作和外面的理发店还很不一样，既没有工作量提成和销售提成，也没啥可以预见的升迁和发展机会。

"公司给的待遇这么低，你会心理不平衡吗？为啥还要这么认真给公司卖命呢？反正你干多干少、干好干坏拿的钱都一个样。"我好奇地问老黄。而他的回答，至今为止都在影响着我。

老黄说："待遇确实低了呀，所以我也在寻找其他机会呢。但既然还在这里待着，尽自己全力把事情干好不是应该的吗？做好分内事是对自己负责，跟收入是没啥关系的。因为待遇低就投机取巧，我觉得自己还没这么掉价呢。"

那一刻我是震撼的，觉得老黄这个人不简单，也特别对自己的胃口。后来两人便经常一起出去吃饭喝酒，慢慢变成了好朋友。再后来移动公司改革，大规模缩减员工福利，会所关掉了，老黄也走了，正好我又在纠结要不要跳槽，两人的联系慢慢变少了。

再次见面已经是3年后，那时候我自己的创业项目刚见曙光，而老黄已经成为一家大型美发店的老板，应验了我当初的预感。

有些人天生是不一样的，即便在他们最穷困潦倒的时候，灵魂和品性依旧高贵。生活的不公和艰辛从未成为他们作践自己的理由，正如老黄所说：

"这样太掉价了。"

[02]

创业的时候，另一个对我影响很大的人是唐生。

20岁出头就出来打工，不到30岁身家几千万。我认识唐生的时候，他已经把生意做到全世界，朋友满天下。很多时候，我暗地里都把唐生当作自己的老师，模仿学习。

一次一起吃饭，聊到我自己在创业，我问他："你觉得怎样的人创业更容易成功呢？"

唐生思考了很久才慢慢地说："我觉得很重要的一点是要看这个人对待饭店服务员的方式和态度。"

我的好奇心一下子就被吊起来了："哦？创业能否成功还跟饭店服务员扯上关系了？"

唐生笑着说："那当然！饭店服务员差不多是社会结构中地位最为低下的一个群体，用怎样的态度对待这群人更容易看出问题。"

人啊，面对平等群体和自己上级的时候当然都知书达理，态度得当，但并不代表他们本质上就是这样的人。

只有在面对远比自己弱小的群体的时候，人才会卸下自己的伪装，露出真面目。创业是一场和自己的战争，看到了一个人的真面目，当然更好判断其成败了。

后来和另一位长者交流，他也表达了类似的意思。看一个人的格局，重点看她如何待人待己。媚上欺下者，往往成就有限。

有些情况，人或许只能无奈地卑躬屈膝。毕竟你我都身处凡尘，担负的责任越重便顾虑越多，不是谁都有这样的胆气和资格我行我素。

但倘若习惯或满足于欺凌弱者，那才是真的无药可救。要从比自己弱的人身上找存在感，心灵和本事又能强到哪里去？

之前看上海滩大佬杜月笙的故事，里面谈到一个细节：

杜月笙出身贫寒，一个月五角钱的学费都出不起，所以只念了几个月就失学了。

那时候的穷人很多都衣不遮体，唯有他无论如何都要保证衣服整洁干净。

成为黑社会大佬后更是如此，不管天气多热都永远扣上长衫最上面的扣子，并且禁止衣冠不整者出入杜门。

无独有偶,曾经认识一位非常优秀的师弟。同样家境贫寒,但身上的衣服永远笔挺,脸上洋溢着笑容。曾经几次拜访他租住的房子,也不像很多年轻人那样脏乱,一切都整理得井井有条。

很多时候,脸面不是别人给的,而是自己给的。一个连自己都不爱、不认真对待的人,又凭什么让别人尊重你?

[03]

看的书越多,越发现一个人如何对待自己,在很大程度上决定了他如何看待他人和这个世界。想要赢得世界的尊重,最重要的一点是先自重。

古有《论语》说要"吾日三省吾身",今有富兰克林给自己制定的13条自我要求准则,说的都是同一个道理。

受到强者的欺压,并不意味着你便要去欺压比自己弱的人。如果这样的话,你和自己厌恶的人又有什么区别?

收入和你的付出不匹配,不是说就要偷懒取巧来找回心理上的平衡。因为那样做只会让你自己掉价,配不上真正值得付出的那些工作。

你是怎样的人,跟你的收入、被人如何对待关系都不大,根本在于你如何看待和要求自己。

你以廉价者的标准要求自己,你便是廉价者。

你以高贵者的标准要求自己,你便是高贵者。

但凡想要做出点成绩,千万记住这个道理:

你可以穷,但千万别廉价。

无论我做过什么,遇到什么,迷路了,悲伤了,困惑了,痛苦了,其实一切问题都不必纠缠在答案上。得不到回应的热情,你要懂得适可而止,不要去践踏自己的尊严。要求别人是很痛苦的,要求自己是很快乐的。愿我们都是自己的摆渡人!

特别欣赏拥有好习惯的人，比如每天按时跑步，每晚坚持读书，抑或每顿早餐喝一杯牛奶。这种习惯可大可小，但它表明了一种清洁性自律，也表达了对生活的一种偏执，慢慢地它使人的生命质地有了不同。如果还没有找到奋斗的目标，那么先从坚持一个好习惯开始吧。

奋斗的路上，别忘了自己想要的是什么

每次面试应届毕业生的时候，我都会先让这些应聘者做个自我介绍。这时候，我总会听到这样的声音：

"我是××学校的，我在××实习过，我是××社团社长、学生会主席，我的GPA（平均绩点）是3.8。"

"我是××学校的，在××实习过，还在××实习过，现在去了××。"

"我正在××实习，我还投了A、B、C、D公司，我的理想是找一个月薪超过7000元的工作。"

这样的情况并不难解释：上大学前，所有的家人，上至爷爷奶奶、爸爸妈妈，下到弟弟妹妹，都认为我们应该继续保持小时候乖巧玲珑的行事风格，在大学里，学习上争当第一名，课余时间争做学生会主席和入党积极分子，紧密团结在好学生、好干部的周围，以期毕业之后顺利进入国企或者成为公务员。在达到这个目标之后，我们应该迅速地找个条件相当的男友或者女友，男生家买房，女生家买车，结婚生子，共同背负着房子、

车子、孩子的重任，从此步入一成不变的稳定生活。而在此过程中，我们应该默默无闻地跟随同龄人的统一步伐，在每个时间段做自己该做的事，凡事要低调，不要搞特殊。

于是好多人不服啊，抗争啊，叛逆啊，每天叫嚣着、哭喊着自己与别人的不同，可最后还是殊途同归了。因为在这个过程中，我们每个人都在试图用社会的统一标准来要求自己，并努力在这个标尺上寻找自己的位置，不敢落下一步，不敢走错一步。我们都忘记了自己想要什么，忘记了自己的优势，忘记了自己有着独一无二的DNA。

23岁的C是我的师妹，她常跟我说，她的工资很低。她经常会想，这样的日子是否值得，比如每天斤斤计较地盘算地铁和公交车哪个更加划算，为买不买一辆200元钱的自行车犹豫了好几个月。她害怕回到家乡，害怕和别的同学不同，害怕起步工资太低而让日后的生活不堪设想。

其实我能理解，在上海这样的大城市里，每当看到很多学历、背景不佳的人，因为不断跳槽，薪水四五倍于自己的时候，每当听到一些女孩子因为家庭背景或者某个男人的背景，找到某种捷径的时候，或者看到那些前辈炫耀名牌包包、出入高级餐馆的时候，换作谁，心里都难免会有一些羡慕嫉妒恨。

每次C跟我抱怨这些的时候，我总是很想送给她台湾女作家李欣频说过的一段话：

"有很多人设立的目标是几年之内要升到主任，几年之后要当上主管，然后是老板……这些都是可以随时被取代的身份。只要别人比你强，关系比你好，或是公司结构调整，位子就会瞬间消失。"

所以，要建立自己的风格，把自己当成个人品牌来经营，创造自己名字的价值，帮自己建一个别人拿不走的身份，而不是社会价值下的职位。至于将来你是哪个公司的主管、哪家企业的老板其实都不重要，因为别人看重的是你的专业、你的风格。这就是拿不走的身份。

每个人都有毕业入职的那一刻，都有信心百倍的青春年华。刚刚步入社会的时候，大多数人总是能够发现自己的不足，拼命学习来提高自己。但是第二年、第三年呢？

有人开始看到职场的阴暗面，有人渐渐学会明争暗斗，有人发现投机取巧能赚钱，于是慢慢走上了这条路——在这个过程中，他们从未回头看看自己还有什么不足，身姿是否不够挺拔，奔跑是否不够迅捷，技能掌握是否不够全面。

于是，他们从一个健壮的青年，慢慢走进了一条死胡同，路越来越窄，竞争却越来越激烈。

我的一位师兄，大学的专业是计算机，研究生读的是计算机智能，毕业前在著名跨国公司实习了半年，却在即将入职的时候发现了自己的知识漏洞。于是他放弃了18万元的起薪和即将到手的各种优厚福利，回到学校，申请延期一年毕业。

这一年，他转战于商学院、金融系，并经常跑到哲学、中文这种看似毫不相干的专业蹭课。一年之后他毕业时，正赶上××金融危机，底薪比之前要低很多，但是几个月后他便三倍跳转，拿到几十万元的年薪，让所有人始料不及。

师兄手里有一张关于他自己的"资产负债表"，他看到了自己的"负债"，了解到自己的不足。他不看外界所能给予的一切荣光，只专心打造自己独有的东西。然后，他成功了。

其实我们可以思考一个最简单的问题："如果没有了眼前的工作，我们还能做什么？"兼职写专栏，你文字功底和思想深度如何？开淘宝店，你想卖点什么，有没有进货渠道？给中学生当家教，当年的那些知识点你还记得多少？……

在物欲横流的社会里，平心静气似乎很难，但也只有这样，才能不断深入地认清自己，了解自己内在的潜能，抓住那些能够永恒不变的、真正属于自己的东西。

我们需要时刻警醒,知道什么事能做,什么事不能做;知道自己是谁,知道自己不能是谁;知道什么是自己永远拥有的,什么是别人给的、暂时的。保持谦卑而感恩的心态,拥有不断重新归零的勇气与信念,让自己真正拥有别人拿不走的东西。

你不能决定太阳几点升起,但可以决定自己几点起床。你不能控制生命的长度,但可以增加生命的宽度。别嫉妒别人的成功,在你看不见的时候,他们流下了你想象不到的汗水。与其羡慕,不如奋斗!

可以相信别人，但不可以指望别人。不要拒绝善意，不要停止微笑。错误可以犯，但不可以重复犯。批评一定要接受，侮辱绝对不能接受。该说时说，该沉默时沉默，是一种聪明；该干要干，该退要退，是一种睿智。人生只有走出来的美丽，没有等出来的辉煌。

敢于接受自己的错误

[01]

不久前，我在某社交网站上注册了一个账号，有不少人前来搭讪。本以为可以拓展自己的圈子，认识到有趣的人，谁知，烦恼也来了。

每天早上我都要花不少时间，删除无聊的搭讪记录。为了维持在陌生人圈子里的形象，我还要花很多时间思考如何说话、发朋友圈。有人找我聊天时，为了不尴尬，我要找话题，回复也要经过思考。这样写对不对？会不会让对方觉得不舒服？我这样说会影响别人对我的正确评判吗？……

果然，人多了，关系就复杂，关系一复杂，标准就单一。处理完工作后，已没法处理太复杂或太多的人际关系。连续登录5天，感觉身体被掏空，情绪从有陌生人赞扬的狂喜，到为陌生人不友善的愤怒和失落，整个人疲惫不堪，连带着我对工作和业余写字的热情也减少了。

连现实生活都过不好，还跑去过网络生活？于是，我取关了网络上的人，删除网络ID，卸载了那款APP。一身轻松，又回到我跑步、工作、写字的生活里。

我发现自己爱极了这种规律的生活和简单的人际关系。笑对同事，调侃舍友，给父母多打打电话，抽空回趟家，有时间处理工作上的问题，或者偶尔找一两个好友聚聚，聊聊天。这样的日常，已经够了。

正因为自己曾经整过那些"幺蛾子"，才让我更珍惜当下的生活——简单、开心、真实。我告诉自己：快乐来自我们自己的壁炉边，你在陌生人的花园里摘不到快乐的花朵。

这种略有盈余的舒适生活，很充实满足。别说有多大成就，至少，避开了大部分情绪疲惫的可能。

[02]

我的上司Angel有一套很好的情绪管理法则。每每看她的朋友圈，不是在感恩就是在感谢美好，感觉好运总伴随她。她是真的如此幸运，还是解决问题的能力强大到远远超出普通人？

不，不是的。她和我们一样是普通人。只不过，她喜欢"不纠结过去""多畅想未来"。近期，她去不同的地方做了好几次演讲，每次演讲的主题都一样，内容则会根据面向的受众做更改。

最近一次演讲，对方公司很重视，不仅挑选了最好的会议室，有一面墙那么大的投影仪，还特意邀请了公司的高层来听。然而，那次Angel发挥得很一般。

一上车，Angel就跟我说："这是我这么多次演讲中最不好的一次，比我昨晚和他们对稿的要差。"刚说完，转脸又对我笑着说："不过没关系啦。走，咱们去吃好吃的，犒赏一下自己。小龙虾可以吗？"

我脑子还没转过来："您没事吧？"

"没事啊，错了就错了，过了就过了。赶紧去吃饭，下午还要去另一个地方做事。"

错了就错了，过了就过了，这才是情绪最大良性化的秘诀。及早把自己从过去的错误和遗憾中抽离，投入到另一件事上，是对自己负责——未来比过去更重要。

[03]

曾有同学问我为什么总能笑得那么灿烂，哪怕才刚刚出丑。我说："没有谁在乎我的丑事啊，而且，我也不想的，过了就好，要宽以待己啊。"

那个同学家里亲戚建了个群，她总会在里面汲取到无数负能量——各种比较，各种不如愿，各种悲惨，各种抱怨……她又是喜欢替别人操心的人，想着尽力为他们解决问题，最后，问题没解决，她自己也吃力不讨好，整个人心力交瘁。

我告诉她，屏蔽群，把自己隔离起来。如果事情真的那么重要，他们会打电话给你；如果没有，事情已经解决。

前几天，那个同学来广州找我，她整个人气色好了很多。她说，现在她会特意腾出自己的私人时间，不接电话，不开网络，就做自己想做的事。几小时的私人时间过去，发现并没有什么未接电话和其他网络消息找她。

"以前总把自己想得太重要。"她笑了。

是啊，人们总习惯于让自己身上背负很多不必要的责任，然后解决不了，自我愧疚。人们也总习惯于怀念过去，不可自拔。想着过去自己怎样怎样，现在就会怎样怎样。

呵呵，愚蠢的人类。总是让自己羁绊和深陷于过去的沼泽，却不舍得让现在或未来的自己多努力一下。不要总想着过去，那会把你困在原地，甚至你的未来也会变成你的过去。

那现在怎么办？解决方法很简单。简化关系，规划生活；不纠结于过去，遗憾和失败都无法改变；给自己设定目标，去努力达成，不要担心自己会犯错。

承认自己不可能什么都做得到，然后给自己腾出私人时间，做自己喜欢的事，想明白一些问题。一个人有所成就往往是独处时而取得的，因为关系简单，需要做的决策少，不轻易疲劳，才有更多精力投入到想完成的事情里。

如果做了以上尝试：你问问自己，想回到过去吗？

如果是想，麻烦把文章从头到尾再看一遍，或者和朋友好好交流探讨一下；如果是不想，那么恭喜你，你成熟了，情绪也处于非常好的状态。然后，相信现在的自己比以往任何一个时刻都好。

未来，也将继续好下去。

不要等到孤单时，才想起朋友；不要等到失败时，才记起他人的忠告。与其为流逝的时光惶恐，倒不如实实在在地抓住分分秒秒。当你不再追随错误的想法时，你就成全了更好的自己。当你的才华还撑不起你的雄心时，那就应该静下心来学习；当你的能力还驾驭不了你的目标时，那就应该沉下心来历练。

时光不会被辜负，勿忘初心。从今天起，努力做一个可爱的人，不美慕谁，也不埋怨谁，在自己的道路上，欣赏自己的风景，追求自己的幸福。你必须非常努力，才能看起来毫不费力，所以你除了努力别无选择。

极简生活从回到最初的模样开始

2016年元旦，几个好友坐在一起聊未来。我有一位朋友笃定地说，2016年要做减法，做回简单的自己。她无奈地说："以前拥有的很少，但很快乐，现在虽然得到的很多，却总觉得不快乐。走着走着发现，身上背了很多，比如别人的目光和看法，比如莫名的规矩和评定，后来活着活着才发现已经不是自己想要的样子。简单是我们最初的自己。"

这让我想起很多年前听过的一个故事，那是流传于古亚细亚的一则寓言：传说几百年前，弗吉尼亚的戈迪亚斯王在其牛车上系了一个复杂的绳结，驾驭这辆战车的皇帝预言，谁能解开这个奇异的死结，谁就注定会成为亚细亚之王，但所有试图解开这个绳结的人都无一例外地以失败而告终。亚历山大决心一试，他苦思冥想，仍一筹莫展，于是手起刀落，一下子把绳结砍为两段，想不到那辆战车顷刻间变成了金光闪闪的王冠。亚历山大成了亚细亚之王。这个死结叫：戈迪亚斯死结。我们总是把简单的事情复杂化，其实很多繁杂是人思维定式的积累。

刚成家那会儿，我的梦想只是能拥有一套自己的房子，有一份稳定的工作，可是后来等我拥有了自己的房子和稳定的工作之后，又开始梦想拥有一辆自己的车，有了车，又开始向往换一辆路虎……后来明白，贪婪和欲望是我们从简单到复杂的通道，一旦打开闸门，永无止境。

从简单到复杂不知不觉，但是从复杂回到简单比想象中更难。例如，朋友挣大钱了，你仍一贫如洗；同事升职了，你还在原地踏步；人家开始去三亚过年了，你还在牧区的大雪天放羊；人家儿女都出息了，你还在为一个受精卵而拼命……于是就不淡定了，于是就不平衡了，于是就复杂了。这时你才明白返璞归真是一种割舍和放下，知足常乐是一种态度。

简单是一种修行，是把那些欲望和贪婪从身体里剥离的过程，是一次精神上的化疗和刮骨疗伤，是对荒诞潦草的自己一次果断的修正。有些复杂就像是买手机送话费占的便宜，后来都成了自己的枷锁。

做回自己就像一次搬家，清扫的时候才发现，那些舍不得扔掉的塑料袋和鞋盒、旧报纸、用过的瓶瓶罐罐原封不动地停留在边边角角里，原来很多的繁杂是我们自己累积起来的废品。删繁就简三秋树，领异标新二月花。简单是人生路上一次必要的格式化和清除，放下和忘掉是一次减负，清清爽爽地活着是一种境界；复杂是一道栅栏，挡住了幸福的开放，遮住了春色和晴朗。

简单也是一种拒绝和克制。拒绝诱惑和攀比，活得简单，是一种通透和看淡，是一种成熟和豁达。都说没有规矩不成方圆，但问题是，我一个多边形为什么非得成为方圆？这样的反问，需要时刻提醒自己，这样才能活得简单。

简单地活，恰似一杯清茶，不必苛求它比咖啡浓郁，不必苛求它比美酒醇厚，惬意与清香也是另一种风格。素淡与静谧、清雅与朴实何尝不是一种境界？

简单地活，是一种不卑不亢的心态，始终保持坦诚、坚定、清醒和独特的灵魂，才能不被情绪所羁绊，不被欲望所左右，不被杂音所干扰，安安稳稳、精心细致地活，即便繁华褪去，也能守得住安静和平淡。

简单是一种情怀。随心而动，不再辜负时光。简简单单才是最好的人生。生命因为简单而丰盈，快乐没有门槛，幸福才会结伴而行。

简单是回归最初的自己，赤条条地来，赤条条地去，然后你会发现每一个春天都是专门为自己而来，每一条路的风景都有着故乡的景象。

简单是每一个人的原乡，熟悉的乡音，久违的清爽——这才是我们最初的自己。

人生就是这样，走了很远，才发现我们所有的努力仅仅是要活回最初的模样。

日子还那么长，不要遇到一点烦恼就觉得活不下去，不要因为有人离开就觉得孤单寂寞冷。谁说得准以后会怎样，撑不过此时就不会有未来的美好，也许你喜欢的人以后也会喜欢你，也许你以为再也见不到的人下一刻就能出现在你面前。保持初心，随遇而安。

多微笑,做一个开朗热忱的女人;多打扮,做一个美丽优雅的女人;多倾听,做一个温柔善意的女人;多看书,做一个淡定内敛的女人;多思考,做一个聪慧冷静的女人。记住为自己而进步,而不是为了满足谁,讨好谁。

坦荡地应对世界,温柔地爱着自己

余生漫漫,能和值得珍爱的人共度,是福气;若只能一个人独享,也不会有什么遗憾。

[01]

第一年。

在结束了一段很多年的感情后,她第一次来到这座城市。一个人,拖着巨大的旅行箱,在街边走到鞋子坏掉,像一只狼狈的蜗牛,一点一点地挪动壳和身体。好在城市足够大,人海汹涌,车马喧嚣,没有谁关注她。她,把一个人全部的悲喜砸进去,也溅不起一丝水花。

南方城市的春天,湿气极重,仿佛每一寸空气都有了重量,压得人透不过气来。在这寸土寸金的地方,她的容身之处是一间没有窗户的小屋子,一张床就是全部的家具。墙上一台老旧的换气扇,也只是吝啬地从风叶间像泄露秘密一样地透出一两道光线。

每天清晨，为了能够稍微从容一些地使用公共卫生间，她需要很早就起床，然后乘坐第一班公交，穿越小半个城市，去某座摩天大楼里上班。因为没有相关行业的工作经验，她只得从实习生做起，薪水很微薄，但勉强能养活自己，还不算太糟。

她工作很努力，经常加班到很晚。有一天下班前，领导表扬了她。走在霓虹闪烁的街头，回首看着公司大楼时，她突然感觉，这座城市也不是冷酷得那么不近人情。回家的路上，遇到花店正在打折，她给自己买了一束康乃馨，插在床头，清淡的香气很快溢满了整间屋子。

只是，关节炎的症状在加重。或许跟地域环境有关，整个春季的深夜，她的膝盖都在疼。就像蛰伏在身体里的小虫子都苏醒了，在骨头里拱来拱去，偷偷地撕咬啃噬，让人不得安宁。每当那样的时刻，她都特别想把膝盖骨拧开，就像拧瓶盖似的，看看里面的零件有没有缺少几个，或者干脆往里面倒杀虫剂。

不像在原来的城市，同样的病症，不一样的痛感——之前的疼痛，偶尔发作，却是沉钝的，像石头或铅灌进身体里，笨而重，而在这座季风性气候的城市，疼痛则变成了一种"动物型"的，狡黠得很，真是难以对付。

其实比关节炎更难以对付的，是那些扑面而来的往事。有人说爱情是个"前人种树，后人乘凉"的事情，不经意间，她竟也成了那个种树的人。

原以为，自己会寻死觅活——毕竟是那样掏心掏肺地爱过，山盟海誓、百转千回到只差一纸婚书的感情，从大学到就业，7年的感情，岂能甘心拱手让人？

但是没有。在决定离开的那刻，她就清醒了。人心，变了就是变了，你付出再多努力又如何？爱情是这世间唯一不可靠打拼得来的事物。

好在工作可以。很多时候，她都觉得自己像一个孤注一掷的赌徒，坐在生活的对面，红了眼地想赢回一些爱情之外的东西，而她的筹码，就是一颗年轻无畏的心。

[02]

第二年。

她加了薪,还小小地升了一次职,已经租得起带厨卫的单身公寓了。搬家的那天,正值盛夏,阳光热烈得不像话。她拖着那只巨大的旅行箱,走在街道上,头顶的法国梧桐树叶遮天蔽日的,浓稠的绿意把天空映衬得格外透明。

新的住所里有一张书桌,放在玻璃窗前,淡紫色的窗帘堆在上面,像一团柔和的云。窗外有一株高大的香樟,细碎的枝丫间结满了苍翠的小果子。

不用加班的周末,她会一点一点地往小窝里添置家什和物件。比如书籍,一本一本地码在书桌上,可以陪伴她很多夜晚;一些粗陶的花盆,是她从二手市场淘回来的,可以种植多肉;还有一个大大的枕头熊,憨头憨脑的样子,跟它倾诉再多的心里话,它也不会告诉别人。

工作依旧很忙碌,跟客户交涉,整理资料,做企划案,一切都要做到更好。经常下班时已是深夜,同事所剩无几,她在电脑面前起身,腰酸背疼地站在空旷的办公楼里,俯瞰这座金粉奢靡的城市——川流不息的街道,彻夜不眠的霓虹,每天都有那么多的人怀着一腔热血,勇敢地寻梦而来,每天也都有那么多的人在残酷现实的打击下默默地铩羽而归。

有时,她也忍不住问自己,这样拼命工作是为了什么。是为了内心的骄傲而去争那一口爱情之余的气吗?或许是,或许又不是。毕竟人活着,最终还是为了自己。

每天,乘坐早班地铁去上班,穿越密林一般的人群,世相百态,尽收眼底。与之擦肩的每一个人,口袋里都装着故事,那些故事汇集成了城市的表情,于是,在与其对视的时候,便不会显得那么苍白无力。整装待发的上班族，拿着手机哼唱的少年，满脸皱纹的流浪者，目光如炬的背包客，还有拥抱在一起的小年轻——他们肆无忌惮地拥抱、抚摸，女孩子涂着猩红的唇彩，在男生的脖颈处留下吻痕。

她想起自己的学生时代，爱情大过天的年纪，怎么炫耀都嫌不够。

那个时候，她会穿着打折的裙子，牵着喜欢的人招摇过市，放声歌唱，柔声念诗，笑起来就像只幸福的小母鸡——"你来人间一趟，你要看看太阳，你要和你的心上人，一起走在大街上……"。

那个时候，如果有梦想，那也不过是，毕业后去他的老家。那里有绵长的边境线，有大片的薰衣草花田；那里的阳光很充足，姑娘很美，小伙子的眼神深邃又柔情。然后，她要给他生一大堆孩子，天气一好，就系着花头巾，带着一窝小崽子出来，站在墙根美美地晒太阳。身后的牛羊很肥，花草正香……

那个时候，他会紧紧揽住她的腰，细致地吻她。头顶艳阳如火，她闭上眼睛，能听到骨头里水声澎湃。

那个时候，爱恋正浓，生死无惧。

而如今，站在熙熙攘攘的城市街头，阳光普照，仿佛置身于宇宙中央。时间流转，每个人都是一颗星星，有的灿亮，有的晦暗，有的硕大如天灯，有的渺小如微尘。她会饶有兴致地想：自己是哪一颗星呢？

至于那些原以为会一辈子刻骨铭心的爱，以为稍一牵扯便会伤筋动骨的回忆，隔了经年再想起，却已是很遥远的事情。

诚然，在这世间，生比死更需要勇气，平静比欢愉更恒久。

[03]

第三年。

她开始为自己做饭，不是单纯地果腹充饥，而是很用心地去烹饪。

在凉雾流动的清晨，去菜市场买新鲜的菜蔬放到冰箱里，然后在灯火辉煌的黄昏系上围裙，慢慢地炖一锅羊肉汤。肥美的菌子，青翠欲滴的蒜叶，食物交杂的香气氤氲在小屋子里。玻璃上雾气蒙蒙，她一手拿着汤匙，一手捧着书，顿觉生活十分美好。

窗外的树叶，落了一次，又长了一次。她捡了一枚做书签，在上面写下顾城的句子：一个人，应该活得是自己并且干净。

不觉间，来到这座城市已有三年。树叶落了又会长出新的，身体里的心死去一次，也会生出新的。

这个城市的冬天，是出了名的湿冷难熬。夜间，她煮了花椒水泡脚，据说可以祛除风寒，虽然见效很慢，但只要坚持，就会有意想不到的收获。这是一位老中医告诉她的，她相信。

还有艾灸。每天入睡前，折一段艾条点燃，放在灸盒里面，再把灸盒绑到膝盖上。带着植物香味的热流可透过皮肤，渗入骨髓，关节的疼痛真的舒缓了许多，后来竟渐渐察觉不到。

艾条是老中医亲手制作的，陈年的大叶艾，收敛了燥气，碾成细细的艾绒，加入药粉，用桑皮纸裹紧，卷好，再用糨糊封存。

她曾亲眼见证，老中医用艾灸的方法帮一位姐姐纠正了胎位，让其顺利分娩出白胖、健康的小婴儿。

那位姐姐，是她在这座城市认识的第一位朋友，曾在殡仪馆工作，有一双极温柔的手。有一段时间，她失眠得厉害，姐姐来看她。她躺在床上，姐姐的手指滑过她的太阳穴，犹如春水漫过心尖。那一刻，她闭上眼睛，突然觉得人世间好像有什么东西被自己遗落了，就在这寂静之中，在独自面对世界之时。

这几年，她也不是没有过感觉寂寞的时刻。

比如，夜间摸索着起来倒水喝，听着水在喉管里"咕咚咕咚"流动的声音，沉闷又清晰，觉得微微的寂寞。

比如感冒时，蜷缩在被子里，想起工作中的被刁难，生活中的被辜负，心里冷寂一片。

比如在深夜归家的出租车上，年轻的司机给她点了一首歌，叫《三十岁的女人》，让她听到潸然泪下。她记得那个司机的样子，侧影清秀，声音略微沙哑。可城市那么大，她再也没有遇见过他。那夜的情景，像一个美丽的梦。

有一段时间，她喜欢上一档网络电台的情感节目。主持人的声音很好听，清甜，不让人讨厌的暧昧，还有一丝丝的磁性，在暗夜里向耳膜传递着爱情的讯息——"我回忆完关于你的一切，犹如去赴最后一个与你的约会，而后天南地北，再不可能翻开。这几笔写完后，我就要钻进被子里面再梦一场，希望依然荡气回肠，有笑有泪"。

她回味了很久，却到底还是觉得寂寞，好像站在真实而又无法触及的风中，两手空空。

但生而为人，就具有天生的修复能力，就像身体里的细胞有着强大的再生功能，这是一种本能，也给你自愈的力量。

谁的生活不是百炼成钢？谁的爱情不是久病成医？你曾赐予我的软肋在这时间与思念的熔炉里，千锤百炼，也终成铠甲。

后来，她不再失眠，也尽量不熬夜，不让自己生病。好好吃饭，爱惜身体，天冷了就加衣，工作到再晚也会坚持泡脚做艾灸，然后敷一张面膜，让自己活得更体面一些。

一个人的状态，没有那么完美，也没有那么糟糕。如同一只两栖动物，在茫茫人海的外界，或是自成岛屿的公寓，在世界与个人之间，她已经可以游刃有余地切换。

如此，一年，两年，三年，或许，更久。

好在二十七八的年纪，她的心里留存着少女的纯洁，也早早获取了中年的自持，能够温柔地爱着自己，也可以坦荡地应对这个世界。余生漫漫，能和值得珍爱的人共度，是福气；若只能一人独享，也不会有什么遗憾。

夜色寂寥，窗外飘起雪花，有冉冉的光斑，浮动在房间里。她倚在床头，想到圣诞节又快来了，明天要去商场给一个可爱的小朋友挑选礼物，也是一件愉悦的事情。

或许不久，又或许很多年后，她也会遇到一个人，他们之间，没有轰轰烈烈、山盟海誓的过去，却有踏踏实实、山明水秀的未来。每一个夜晚，都会拥抱着入眠；每一个清晨，都在期待中苏醒。他们一起为生活打拼，为彼此加油鼓劲，一起吃饭、旅行，像旧友一样谈心。如果还没有老掉牙，就生个可爱的孩子，等他长大后，还可以跟他讲爸爸妈妈的故事……

夜渐深，她伸手熄了台灯，给自己掖好被子，就这样想着，笃定又安然地睡去了。

不必要求自己像个交际能手一样地为人处世。对他人怀有善意，可以帮助的时候提供帮助，懂得感恩，也就可以了。不谋求他人欢心，也不心生厌憎。多为人想，不增加他人的苦恼和麻烦。并且知道，多数时候我们是在埋下一些美好的种子，只为心安，不必要求立刻结出果实。

疲惫的时候，就停下脚步，遥想追逐的远方，恢复力气再上路；想放弃的时候，就停下脚步，做出艰难的取舍，振奋精神再上路。每天给自己10分钟，稍稍停下脚步，思考人生，就会走得更远。

物质生活再好，精神生活跟不上也是白搭

真正的高贵在于精神，在于灵魂，并非财大气粗就是王者，并非良田千顷广厦万间就是赢家。我所敬佩的，是有着丰富精神世界的人。

[01]

读大学时最崇拜的就是哲学系的胡教授，高高瘦瘦颇有几分仙风道骨的味道，每次他的课学生总是爆满，因为他是一位非常有思想的老先生。那时候我刚好在做宣传方面的学生工作，对胡教授的那次专访让我印象深刻。

我们走进他的办公室的时候，他正戴着眼镜看书。他的办公室简单但不简陋，东西少但不会让人有空荡的感觉，反而觉得更踏实。办公室内所有的桌子跟椅子都是木制的，电脑放在门口的一张桌子上，大概是助教的位子。胡教授桌上堆了很高的一摞书，书架上也满满的都是书。我们注意到靠近办公桌的墙壁上挂着一幅书法作品，写的是刘禹锡的《陋室铭》："山不在高，有仙则名；水不在深，有龙则灵。斯是陋

室，惟吾德馨……"

采访中我印象最深的是问到老教授理想生活的时候，他提出了一个"低配人生"，那是我第一次接触到这个词。所谓低配人生，大概也就是老教授现在的样子吧！不追求生活配置高档化，而注重精神配置高贵化。

他说自己年轻的时候也曾经是个疯小子。那个年代国内摇滚音乐还没开始大范围地流行，他跟几个同学就组了个小乐队，凭着家庭背景搞来国外摇滚的录音带，然后在同学中间传着听。教授说他倒挺怀念那段日子的，那时候觉得能天天玩摇滚大概就是理想生活了。

随着年岁的增长以及家庭的变故，他越来越觉得多读书才会活得更踏实，于是放弃了那种激情燃烧的摇滚，开始潜心研究学问。胡教授说，学问研究得越深，越觉得真正的人生当在于精神的丰满。所以，他现在觉得理想生活应该是精神高贵的生活，应该是一种低配人生。

胡教授说，他对现在的年轻人追求时尚、追求高品质精致生活的这种现象并不排斥，因为他也是从那样的年轻时代走过来的，到了某个年纪自然就会顿悟，身外之物根本没那么重要，低配人生才是最踏实、最稳定的。

[02]

几年前工作中认识的一个朋友萧萧，是个大美女，因为年纪相仿，也比较有共同话题，一来二去就熟了，工作结束后也会约着一起吃饭逛街。

接触久了就发现萧萧是个有些虚荣的女孩儿，吃饭总要点比我贵的牛排，买衣服也得是名牌，买香水、化妆品也都得是名牌。她也刚参加工作没几年，工资也没有多高，加上房租，每到月底总要捉襟见肘，她是个不折不扣的"月光族"。

我曾经跟萧萧聊过这个问题，她倒挺有自己的一套理论，什么"人生得意须尽欢"啊、"年轻就是资本"啊，让我一时语塞，无言以对。她说年轻不就该挥霍吗？等到需要考虑钱的时候，她自然会回归本分做个平凡人。现在不买衣服等到有钱的时候就没姿色穿了，现在不买点名牌，怎么吸引白马王子来追！

我被她说得一愣一愣的，甚至某个瞬间我竟抽风似的觉得她说的还蛮有道理。她算是个不折不扣的高配主义者了，有些得意须尽欢的洒脱和狂傲。吃穿用要挑最好的，过一种所谓的精致生活，但是居安不思危、只顾当下不做长远打算的行为，我也不敢苟同。或许真正到了某一天，她会后悔现在的大手大脚，开始后悔没有多读一点书，多涵养一下自己的精神世界。

那个时候，她大概就能真正明白低配人生的意义了。

[03]

如果你见惯了灯红酒绿声色犬马，却依然觉得空虚无聊迷茫无助，那你该思考一下你的现状，想想你决心努力的初衷。空虚是因为物质的高配使得内心迷茫，过分痴迷于生活中的浮华而疏于对自己内心的充实。而很多时候我们忽略的，恰恰是最重要的东西。

低配人生，并不是倡导我们要衣衫褴褛吃糠咽菜。它是一种理念，比起对物质的追求，低配主义者更加重视内在的修养，重视精神的成长，重视灵魂的丰富。

古往今来，伟大的人大都不拘泥于一时的欢娱和享乐，他们或有雄心壮志一往无前，或将世事看透潜心修炼。无论是哪一种，都不被外物所拘束，从而在低配人生中享受着广阔的自由。

《增广贤文》中有言："良田千顷，不过一日三餐。广厦万间，只睡卧榻三尺。"我们辛苦打拼，用双手开辟自己的新天地，却很容易在奋斗的过程中迷失自己，梦想往往在时光的打磨中变成欲望。

这时候，我们应当意识到，真正的高贵在于精神，在于灵魂，并非财大气粗就是王者，并非良田千顷广厦万间就是赢家。

那些人可能只有一张简单的书桌，一把简单的椅子，穿着简单的T恤，却因为精神的丰满而变成夜空中最明亮的星，让世人为他们内敛的人格魅力所折服。

[04]

低配人生是一种放下。

放下焦躁的心，放下繁华的景，放下不必要的浪费不必要的支出，够用就好是一种态度。同时，低配也让我们有更多的空间和时间去充实自己的内心世界，给理想更多的翱翔空间。人的精力是有限的，分配精力是一门学问，对外物投入过多便意味着对内心投入过少。这样的人生是不完整的。没有人天生高贵，也没有人天生低贱，事在人为是不变的真理，生活始终掌握在自己手中。

低配人生是对生活应有的态度。

降低一点物质追求，丰富一下精神世界。少买一件化妆品，多读一本书；少买一件不必要的衣服，多听一场讲座……

如此，低配人生，我们同样可以高贵地活。

别人想什么做什么，你都无法改变。唯一可以做的，就是尽心尽力做好自己的事，走自己的路，按自己的原则好好生活。只有经济和精神都独立，才会让你更有底气，也更没有戾气。

最可怕的不是没有上进心，而是永远藕断丝连地同情自己。心里是冲劲十足有毅力，可到了实践层面却变成了手机离身就不能活，早晨也是按掉闹钟继续睡，所有的书籍都在桌子上积灰，每次吃完之后才想到要减肥。不怕这个世界对我们残忍，怕的是对自己的放纵。要知道强者不是没有眼泪，而是含着眼泪奔跑。

喜欢比努力更重要

如果问我："小时候的记忆中，你最想做的一件事情是什么？"我一定会回答你："我想变得瘦瘦的。"

小学的时候，情窦初开，总是会默默地喜欢一个男生，却在见到他的那一刻，飞一样地躲开，如果实在躲闪不及，我就会装出很平静的样子，内心却早已波涛汹涌。

记得小学那会儿，我喜欢瘦瘦高高聪明的男生，可是当时，瘦瘦高高聪明的男生怎么会喜欢一个胖胖的羞涩还不解风情的女生呢？也就是怎么会喜欢我呢。当时的我颇为自卑，虽然大家一度认为我是"那个学数学竞赛的女孩"，但是都不足以让我自信起来。

当时，我很羡慕音乐课代表M，她身材高挑，常常面带自信的微笑，最重要的是，她真的很受男生欢迎。每天中午午休结束，她就会走到讲台上，伸出双手举到齐头高的位置，接着我们就在她纤细手臂的挥动下开始唱歌。我常常出神地望着她，有一次她买了一双很流行的白色大头皮鞋，我羡慕极了，回去就开始纠缠妈妈给我买白色大头皮鞋。

就这样，我一直把自己收不到男生情书和表白归结为"我胖"。到了初中，随着越来越在乎外表这件事，我开始减肥，还记得当时刚好是非典集中爆发的时期，学校停课了。"机会来了。"我内心狂喜，终于可以把更多时间花在"减肥"上了。

拿出纸笔，细细制定计划："早上去体育场跑10圈，晚上连走带跑10圈，每顿饭只吃半碗饭，配一些清淡的菜。"偷偷制定计划之后，就开始严格执行。

开始我瘦得很慢，但是几天后，我发现我平躺的时候可以摸到自己的肋骨了，我的腰身越来越纤细。再后来，我的裤子由二尺二变成了二尺，又变成了一尺八，我开心极了，暗想："时机未到，继续坚持。"

直到有一天，我去上古筝课，学古筝的老师指指我的手腕对我说："你看看你瘦的。"我才发现，我手腕处的骨头凸出来了。上完课，狂奔回去，一上秤，竟然只有82斤。对于当时身高一米六、体重向来都是三位数的我来说，这个数字带给我的不仅仅是兴奋，还有重新找回来的自信。

复课后，大家都围过来，看着我宽松的裤子，问，"你怎么瘦了这么多？""你是不是得非典了？"我很低调，"没，减肥减的。"渐渐地，大家开始适应我瘦瘦的样子。

我可以很轻松地跷二郎腿了，可以看到喜欢的裤子直接说给我拿最小码，看到喜欢的衣服不再关注"会不会显胖"这个问题。所有的好运都是一环套一环的，我的成绩变得更加稳定，一度考了一个年级第一。

现在回想当时的毅力哪儿来的，我觉得，可能是减肥这件事情带给我的成就感远远大于胃液灼烧和胃壁摩擦带给我的痛苦。乐在其中地去坚持一件事，总好过天天暗示自己"你必须这么做"要来得容易且长久。

从高中开始，他突然喜欢上了音乐，唱歌成为他生活中迫切需要的一件事情，就像水之于鱼一样。随即，他便忐忑地对母亲说："我想学声乐。"母亲从并不十分富裕的积蓄里拿出一些，请了每小时150元的声乐老师，满足了他的愿望。

从那时起，唱歌成了他生命的一部分，走路的时候在唱，坐公交的时候在唱，丝毫不在乎别人的眼光。甚至，每天晚上出去练声成了一个习惯。

"今天别去了。"母亲望望窗外的大雨劝慰道。

"妈，没事儿，你早点休息。"他拍拍母亲的肩，拿了一把伞就转身出去了。

雨天和雪天都未能阻挡他将这个习惯延续下去。

转瞬到了高考报志愿的时候，他毅然填报了就业率两极化的声乐专业，未来之路的艰难他不是不明白，可是不试一把，又怎么对得起呼啸而过的青春？

他对音乐的热爱是从骨子里散发出来的，一如他的母亲。

母亲在他这个年纪，已经在校文艺队经历了各种弯腰劈叉的训练，还天生一副好嗓子。

在做了几年音乐教师之后，母亲为了照顾上初中的他和姐姐，放弃了跳槽做一个大学音乐教师的机会，因为，如果去大学任教，由于距离原因得住校，那么两个孩子的饮食起居没办法照顾。

从此，母亲一直将这个爱好深埋在心底，从事了另一份薪水略高的工作，毕竟，两个孩子上学都需要钱。

可是，无论是同学聚会，还是公司聚餐，在需要一展歌喉的时候，母亲的好嗓子定能一鸣惊人，从未荒废。

曾经看到一家创意公司的招聘信息，其中有一条要求应聘者提到自己的兴趣爱好时能够两眼发亮。这条标准不无道理，爱好往往让人变得更有魅力而与众不同。

有些爱好，渗透到血液，蔓延到骨髓，无论过多久，无论在何时，这个爱好都是你的一个"舒适区"，当你抵达时，所有烦恼抛之脑后，大叹一声："这才是生活。"

知乎上有人提问说："为什么有人愿意用喝酒、吹牛、看综艺节目来消磨时间，有人却选择用这些时间来看一本书？"

其实，答案无关对错，只是因为每个人的舒适区不同，有人的舒适区就是读书，有人的舒适区就是看电视、打麻将。

很多人有过类似的体验：紧张的时候，会愿意看年少时看过的电视剧，吃年少时最喜欢吃的零食，如果跟父母关系好，那么每次回老家都是一种愉悦体验，就算跟着父母看俗套的电视剧也会心情舒畅。

每个人都有自己的爱好，这个爱好就是最让你有安全感的舒适区，它甚至是一种仪式般的行为，每个人所做的，都是对当时心情的最优解。

"毅力"这个词，真的是给别人准备的。就像我一个朋友，学管理的，自己考上了社科院法硕的研究生，我说："你真的好棒，法律这个陌生的领域，你竟然无师自通了。"她嫣然一笑："其实，当你看进去了，就没那么难了。"

又想到自己去年参加的唯一一次省公务员考试。在父母的各种威逼利诱下，我买了书开始看，刚开始的时候甚至都不知道什么是行测和申论，于是只好就抱着"既然没退路了，那就看吧"的心态，天天晚上看书，周末泡图书馆自习室，一个多月，印象最深的是，《来自星星的你》当时正风靡，闺蜜一直推荐我去看，还要跟我讨论剧情，我看看日历，想想考试的日子，就平静地说："等我一个月。"

半个月后，我竟然发现我开始爱上做题了，爱上周末起大早去自习室时的感觉，就这样坚持了一个多月，最终岗位笔试竟然考了第一。

现在想想，任何事情都是这样一个过程，决定去做了，就着手去做，一旦找到了舒适区，你就会乐在其中，或许就会发现："喜欢比努力更重要。"

永远充满喜悦地唱每一首歌,跳每一支舞,看每一场球赛,过每一段人生。

为自己的目标努力着,全身心投入一件事情的时候,就不再整天想睡懒觉,不再熬夜看偶像剧,也不用刻意去想怎样好好生活。删掉那些原以为离不开的东西,然后觉得,这才是生活原本的样子啊。

生活向你撒下苦难，它必定也会在某处撒下芬芳，你要咬牙度过四下无人的黑夜，终有一天会迎来属于自己的光。

想要靠近梦想，你得先打败你自己

[01]

只要敢于突破、不断磨砺，终有一天，你会发现，自己的弱势可能正是难得的优势。

说到独处，我算是最能从中找到快乐的那一类人了。不喜欢热闹的场所，若参加连续的应酬，总要给自己几天缓缓，才能恢复精神。

当别人问我是什么性格，以前我常会说双重性格。那时总觉得，承认自己内向，就好像是没完成家庭作业的小学生，在经受老师的盘问，真是逊到了极点。

那时候，别人说起我来，总会不吝啬自己的遗憾和同情。我初中毕业时，有一次跟爸爸到一个亲戚家做客，亲戚对我爸说：这孩子成绩不错，就是性格内向了一点。后来的话我记不住了，大意是对社会有用的都是外向的人，内向的人想获得成功是不可能的。我看似是棵好苗子，但摊上了这样的性格，终归不会有出息，真是可惜了。

那天，我的内心是如此愤愤不平。当在别人眼里，性格可以被用来粗鲁地断定一个人的未来的时候，我第一次觉得，内向成了我的一大耻辱。

[02]

之后的日子,我带着很矛盾的情绪开始了成长之路。一方面,我希望向大家证明,内向者也能有自己的成就;另一方面,我又在努力改变自己,想让自己表现得像个真正的外向者。

从那时起,我开始幻想自己可以在各种场合勇敢地表达自己。可幻想终归是幻想,有两三年的时间,我依然是那个遇上热闹就躲到角落里的人。

后来,我遇到了一个对我很重要的语文老师。当我们开始一篇新课文的学习时,她总是等着我们先提问,再讲解。我觉得我的机会来了,就逼着自己提前预习,要求自己每节课都要提一个问题。刚开始特别艰难,慢慢地尝试了几次,我在课堂上举手提问就变得轻而易举了。在此过程中,我的努力不断受到老师的肯定,我也因为超越了自己而显得无比兴奋,当众讲话的恐惧也不再那么明显了。

这件事情让我意识到,即使我的性格不变,我也可以去直面那些人生里的阻碍。从那时起,我不再为难自己,不再觉得改变内向的性格是最重要的事情。

现在,当我因为工作或人际交往需要,在很多人面前侃侃而谈时,我似乎已经忘记了自己的内向性格。而当我回归日常生活、没有特别的安排时,我又会按照自己的意愿,变成那个不喜言谈的闷葫芦,安静地享受独处的时光。

[03]

经常有人问我:要如何改变自己的内向性格?我觉得,很难讲清楚我自己对于内向的模糊认知，但我的内心却有一个明确的答案：内向者也可以成功。

《内向者沟通圣经》一书说，内向是一种偏好，不应该被看成是一个问题。内向型的人，能够获得更深刻的智慧，也会有更多的时间去观察和理解别人，相比外向型的人一开始就抢先赢得人心，内向型的人更能带来持续的发展和有意义的改变。

现在，虽然不再有人对我内向的性格表示遗憾，甚至有时我告诉别人自己蛮内向时，对方还以为我在开玩笑。但我知道，正是得益于内向性格带来的思考和觉察，我才可以走到今天。

我曾经试图去改变自己的性格，可是当我看起来很外向时，我深知其实自己内心依然没有任何改变。但这已经不再成为我生活或工作中的阻碍了。

或许今天，依然还有很多人在为自己的内向性格苦恼，也像我过去一样尝试去改变。但要彻底改变自己其实很难，而不断踮起脚尖去靠近自己的理想却不难。在《内向者沟通圣经》中，作者向我们介绍了一些经典的方法，并用具体的例子向我们证明了内向者也可以成功突围。

首先，你得提前计划应对困难。大多数的内向者羡慕外向者能够热情而迅速地与他人建立关系。实际上，如果内向者做过充足的准备，并提前做好预案，在人际交往领域一样可以做到卓越。

接下来，要积极地展示自我。内向者往往觉得，如果自己做得好，别人一定会看到。如果别人没有看到或者不够认可，那一定是自己做得不够好。实际上，调查研究表明，如果不阐述自己的成就，人们就无从了解你的能力或者潜力。

第三步，鼓励自己走出舒适区。就像我第一次在课堂上提问时，手都在颤抖。可当我站起来之后，我发现自己特别平静。有句话说：我们总要知道，来到这个世界，到底可以做些什么？我们每一天都在面临变化，今天走出舒适区，是为了明天有更多自由的舒适区。

最后，不间断地练习。冠军选手每天都在做的事情就是练习，如果我们想提升自信，最好的办法就是勤于练习。练习可以让我们更容易适应挑战，也能让我们具备更多的自信，促使我们积极投身到更大的挑战当中。

对于有心之人，或许做到这四步，已经会收获颇丰。如果我们连踮脚尖的劲儿也不愿使，只想天上掉下个好性格成就自己，那就是我们对于自己的人生太随意、太懒惰了。

一个人如果不在正确的方向上努力，拥有的能力也会慢慢消退。每个人都有自己的弱势，但也可以在自己渴望的领域日益精进、变得更强。

只要敢于突破、不断磨砺，终有一天，你会发现，自己的弱势可能正是难得的优势。

每一个有底气的人，都有一段沉默的时光。那一段时光，是付出了很多努力，忍受孤独和寂寞，不抱怨不诉苦，日后说起时，连自己都能被感动的日子！

内心强大的人，方能容纳情绪的不安、浮躁、焦虑，他处理任何事，做任何决定，都有着自己的节奏和思考。他也不惧与人分享，你在他的脸上，看不到慌张，只有坚定与平静。

最快乐的事莫过于做最真实的自己

我曾纳闷儿，是不是只有我过得不好，为什么身边挤满了"成功人士"。他们富有，他们逍遥，他们各自骄傲。琳琳就是这样。她淡出我的视线后，朋友圈、微博晒的都是世界各地旅行照。我羞于回想跟她一起吃过盖饭的事，这会把我凸显得更加不堪。上次碰面，已经是一年前。

"我被骗走10万块，这半年一直在催债。"她哀伤地说，"他总说明天还，我已经等了无数个明天。我每天都定闹钟提醒自己要钱，不能让他的缓兵之计得逞！"

"你为什么要借钱给别人呢？"我问。

"我以为他有能力还啊！住别墅，开豪车，典型公子哥。他说借点儿钱应急，我就信了。后来才知道，他的车是借的，房子是租的，连名片都是骗人的！"

"没事儿，你也不差这点儿钱。"我安慰道。

"不。别人不知道，其实我过得并不好。"琳琳说了实话。她那些"说走就走的旅行"，其实是公司安排的出差。10万元，是她全部积蓄的一半。她本以为遇上了单身贵公子，谁曾想是同道沦落人。

我从小受到的家庭教育是：千万别显摆你过得多好，一是招恨，二是招贼。现在世道变了，你必须装成人生赢家，把眼泪埋在被窝里。大家都害怕被看不起，害怕成为旁人茶余饭后失败者的案例。为了面子，报喜不报忧，将谎言说到让别人信以为真。不由得想到贾某，他为了跟我们继续合作，奉献了影帝级演技。

"我们的公司前景大好，新的剧本项目得到了许多业内人士的认可。"贾某每次出差回来都会召开大会，鼓舞士气，展望光明前途，可始终没拉来任何投资。

一个负责跟班的同事吐槽："听他胡说八道，哪次不是吃闭门羹，被人埋汰个底朝天。"

为了团队凝聚力，贾某也是用心良苦。咳，他也怪不容易的，百折不挠，精神可嘉。

有一天，那个同事在出差期间打电话哭诉，说他跟贾某闹掰了。贾某为了顺利开展项目，要他拿房产证做抵押。

"我们的项目一定会成功的，到时候让你当副总。"

"别的可以，房产证不行。"

"你是对我们的团队没信心吗？"贾某戏剧性地画了一张饼，"这是我们共同的事业，你会分一块大的，名利双收。"

同事没答应，说别逼他，否则不干。贾某撕掉那张饼，说"你滚"。

贾某一个人返程，照例召开大会，痛斥那同事的"罪不可赦"。"他怀疑我们的能力，留下来也是个搅屎棍。他还说，你们不配参与分红。"众人义愤填膺，我缄默不语。

几个月后，贾某终于拿到第一笔钱。这不过是万里长征第一步，他却觉得成功在望，摇头晃脑哼小曲儿。据说贾某脾气越来越大，吃个午饭还挑三拣四。陪他出差的新同事被搞得头大，干脆直接让贾某点餐。

"你以后可是要负责外联招待的，难道你要让贵宾亲自点餐吗？"

"贾总，咱俩不过是来吃顿垫饱肚子的午饭，这驴肉火烧店就一页菜单，您何苦上纲上线？"

新同事被炒了。贾某不许别人奚落他的美梦。第三个走人的，是我。因为贾某在项目开展前总是跟我借钱，不但不还，还要我保密。

我离开贾某已经很久了，前两天遇到个共同的熟人，问及他的下落，那人没好气地说："还在谈项目呗！"

"新项目？"我问。

"还是那个项目。"

我从屏蔽名单里调出贾某的朋友圈。他依旧神气活现，对中国影视产业指点江山。

不想真正地解决问题，而是粉饰真相，自欺欺人。他貌似很坚强，其实是玻璃心。不甘平庸，又无法强大，把自己修炼成一枚妄想症患者，于吹嘘中苟活。

我录过一个访谈节目，目睹某位老艺术家现场发飙。主持人问："您的儿子非常成功。许多父母想让孩子出人头地，您的经验可否分享一下？"

老艺术家摇头："这是什么问题？出人头地就是成功了？这四个字误导了多少人，让他们急功近利、不择手段。对不起，我不回答，我从不信奉什么出人头地，也没这么教育过我儿子，他只是在做他喜欢的事！"

我当时还嘀咕，多大点儿事啊，至于发火吗？现在却理解了。有多少人因为不甘平庸，选择心术不正、投奔旁门左道，只为虚荣浮华。现实是冰冷的，不少畅销的成功学著作，只属于信口开河的作家。无数失意的平凡者，在愤愤不平中将自己逼疯。

电影《我是路人甲》里，那个背不下台词被解雇的特约演员，披着床单流落街头，演绎着永远失去的戏份。即使他倒背如流，也不再有华丽的行头。他不可怜，他可悲。我们殊途同归，套上厚重的戏服，靠言不由衷的台词获得满足。个中酸楚，自己清楚。

我在最困苦的时候，曾挠着湿疹自勉："总有一天，我会离开这个臭烘烘的地下室，住进一个有莲蓬头的大房子。"

可以快乐地自甘堕落，可以拼命到不眠不休。在攀比中取胜，在浮躁里求存，那不是成功。沉迷空想，不如接纳当下，踏踏实实地往前迈步。

"我没有生来勇敢，天赋过人，面对人山人海只剩一些诚恳。"多好的歌词。

怀抱真实，才配拥有最真实的梦境。

与其违心赔笑，不如一人安静；与其在意别人的背弃和不善，不如维护自己的尊严和美好。选择一种姿态，让自己活得无可替代。

CHAPTER 04

好运气都是
你自己攒来的

一步一个脚印才会体会到千山万水的广博和厚重，
努力拼搏才能体会到登上顶峰的成就，
用心地去生活才能体会到甘甜的幸福！

每一个你，都是你。

善待自己，善待生活。

脾气这东西，发出去是秉性，收回来是功力。太懂事的女人多半命不好，任何一种爱都不能以委屈自己为代价。当然，作为一个成熟的社会人，你能多快控制住自己的情绪，就能多快获得成功，不论感情，还是职业。

别让太懂事捆绑了你的未来

[01]

我认识一个女孩子，成长在一个传统的农村家庭，在她下面还有一双弟妹。弟弟自然是重男轻女封建思想下的产物，每次一想到长辈们的行为她就特别揪心。

从小被灌输最多的就是要懂事。这种懂事就是什么都应该让着弟弟，吃穿自然不必多说，还要打不还手骂不还口。让她印象最深刻的一次便是弟弟拿着毛巾捂住她，哪怕已经呼吸困难，挣扎了很久她还是没有还手。平时无论她多么孝敬多么好，在他们看来都比不上那个好吃懒做、不求上进的弟弟。

从上初中开始，每到寒暑假她都会出去打工，而弟弟长这么大从来没尝试过自食其力，有次她提议要弟弟去她曾经工作过的农庄打暑假工，反而被父母痛骂了一顿。

最为过分的是他们甚至要求她在大学不要谈恋爱，好好工作，帮弟弟以后结婚存一笔钱。

我说你曾经想过改变或者反抗吗，她说想过，但无论是父母还是亲戚，都是从小就教育她要隐忍、要懂事，所以她的性格比较懦弱。

我说你这不是懂事，是盲从，甚至以后很可能会因此而牺牲掉自己的幸福。

这话自然不是危言耸听，因为她以后终究会和别人组建自己的家庭，但婚后原生家庭仍会习惯性地向她不断索取，但到那时候已经不再只是一个家庭的内部矛盾，而是她的原生家庭与自己小家庭之间的冲突，即便她还坚持"懂事"，但还需要考虑她老公的感受与意见。

沉默了一会儿，她说我知道自己最终会离开这个家，这个家以后也可能不再是我心中的首位，但这些都需要时间，需要一个契机。

有时候想，或许我们都习惯了在长辈们的指点中成长，遵循他们的意愿，沿着他们所规划的轨迹一路向前。而在反抗意识最为强烈的青春叛逆期，所做出的斗争却又是荒唐无趣的。但最后会随着成长而逐渐成熟起来，最后变成一个他们口中懂事的人。

可是，什么是懂事？

在我看来，懂事无非就是懂得体谅长辈们的辛苦，在力所能及且不影响自身健康的前提下，尽可能地减轻他们的负担，学会独立，懂得感恩。

而在现实生活里，在当下普遍的家庭现状中，懂事这个词却变得简单而又颇为有趣，就是无尽地隐忍、无条件地顺从。

我有一个姨父，年轻时是一个军人，在部队表现非常不错，服役期满后，上级挽留他留在部队发展。这对于一个农村孩子来说，绝对是一个鱼跃龙门的好机会。可他父母听到这个消息后，立马就吵翻了，坚持要他回来。而原因很简单，担心他以后离家太远。还有一个更大的原因便是姨父作为家里的长子，弟弟妹妹们尚未成家，他必须回去帮忙照顾。

上级建议他可以在部队继续发展一段时间，时机到了就帮他转业到地方工作。可他父母说什么也不愿意，而且发动亲戚长辈都加入了劝说的队伍。姨父对于父母的言语向来都是顺从，最后只能满心遗憾地回了家。

而现在，当年被上级留下的那一批人，大部分都在部队有了很好的发展，次一点的也转业回到家乡进入了各个机关。虽然姨父嘴上没有责怪过自己已逝的父母，但谁又可以说他内心没有羡慕与后悔。

当懂事变成一种约束，那么从这种品质上获得的认可越多，拥有这种品质所需付出的代价也越大。

[02]

曾有读者向我留言倾诉自己的故事。

他叫阿宾，大学时在学校谈了一个女朋友，但父母一直反对他们在一起。原因很简单，姑娘家经济条件不怎么好。可除此之外，这个姑娘无论是仪表相貌还是为人修养都很不错。最重要的一点便是两人一路走来，感情比较深厚。

两人一直拖到毕业，可阿宾的父母仍是不为所动，坚决要求他们分手。为此他们手段频出，不但以断绝关系相要挟，更是发动亲戚朋友反复劝说。

年轻人刚走入社会参加工作本就不易，又要时刻忍受父母的高压，两人越走越绝望，最后悲痛分手。后来阿宾按照父母的要求谈了一个门当户对的女朋友，再后来某一天他突然听到了女孩结婚的消息。

当天晚上，阿宾把自己灌醉了，而父母则仍在不亦乐乎地忙着规划他的人生。

我一直都认同一个道理：没有谁会为你的未来负责，除了你自己。

每个人都是独立的个体，世界上不存在比你更了解自己的人。谁也没必要为他人而无端做出委屈自己的改变。同样，你也没必要为父母的主观独断甚至狭隘的眼界买单。很多时候你觉得错了，可他们仍然觉得无比正确。

做职业规划的时候，你喜欢有挑战的工作，而他们觉得你不考公务员就是不懂事。因为在他们的格局里，安逸即是一种最大的幸福，但你却更执着于折腾的人生。

面对感情的时候，你觉得对方是一个与你兴趣相投的灵魂伴侣，可父母却认为对方矮了、丑了、胖了、瘦了、家庭条件差了。因为他们不懂你们的心灵契合，所以只能从客观条件做出甄选。

当下有一种观点，即对待父母最好的态度便是四个字：孝而不顺。对此我深表赞同，百善孝为先，但这并不意味着你需要无原则无底线地盲从。因为当下很多父母都有一个通病：过多地参与成年子女的人生规划。更有甚者早已"迷恋"上了这种家长式的权威，一旦孩子出现逆反就习惯性打压，不懂事更是成了他们"讨伐"的口号。当长辈们聚在一起谈论后辈，夸奖哪家孩子真懂事，通常就只是因为那个孩子不违背长辈的意志，能够无条件地遵从他们的意愿。

可真正的懂事，更多的应该是一种懂得感恩与换位思考的品质，不能因为自己的愚昧与懦弱，而将之变成一种自我捆绑的绳索。

至少，你没必要做一个永远"懂事"的孩子。

有人帮你是幸运，学会心怀欢喜与感恩；无人帮你是命运，学会坦然面对与承担。没有人该为你做什么，因为生命本是自己的，你得为自己负责任。人生的必修课是接受无常，人生的选修课是放下执着。当遇到挫折的时候请记得，你必须跌到你从未经历过的谷底，才能站上你从未到达过的高峰。

不能只看到别人光鲜的一面,而忽略其背后的付出。你泡吧的时候,人家在孜孜不倦地读康德。你逛街的时候,人家在研究一个技术难题……接触的人越多,越觉得没有人能随随便便就有一番成就。而很多人的努力程度之低,根本轮不到拼天赋。你抱怨别人走了狗屎运,岂不知人家在街上已经转了一年了。

付出与收获是成正比的

阿杰是我的高中同学,一个非常腼腆、害羞的男孩子,在班里几乎听不到他的声音,连偶尔站起来回答老师的问题,声音也都轻得像是蜻蜓的翅膀划过一样。他还有一个非常典型的特征,跟女生讲话时,脸和耳朵都会憋得通红,为此经常被男生取笑。所以,非必要情况下,他不会和女生说话。

高中毕业后,我们上了不同的大学,没有联络过。

直到我大三那年夏天,参加一个朋友的生日派对,才又碰面。当时我老远就听见一个自信洪亮的声音在人群中高谈阔论,心想这是哪个老同学,走近一看发现是阿杰,当时我就惊呆了。他整个人的精气神完全不一样了,重点是,他不仅性格变得爽朗了,连外表都"升级换代"了。以前他穿的衣服总是迎面扑来一股子浓烈的老旧气息,现在,那一身的打扮简直堪比时尚杂志的经典搭配。

等到人群散去,我才跑过去调侃他,说:"你现在跟以前完全不一样了，简直是脱胎换骨。看来大学把你改造得挺好啊。"

阿杰的嘴角划过一个笑容，回应道："是啊。其实第一个学期我还是那个闷瓜，跟同寝室的男生也极少交流。后来，越发地觉得自己人际交往是硬伤，于是报名参加了很多需要经常露脸以及与人沟通的社团，比如演讲辩论协会、学生会，等等。一年多下来，终于把自己孤僻、沉闷、不合群的标签给摘掉了。"

另外一个女生佳佳，我们大学时住在同一栋女生楼，彼此并不熟络，我对她的了解也仅限于名字、专业和班级，倒是经常看见她披着长发、背着双肩包、骑着自行车，行色匆匆地穿梭在校园里，所以印象很深。

去年8月，一个在北京工作的大学同学谭出差经过上海，我请她吃饭，一起八卦当年同届、如今混得牛哄哄的几个人物时，谭跟我讲了佳佳的故事。

佳佳本科毕业后，以优异的成绩去了美国宾夕法尼亚大学攻读教育学硕士，研二时和宾大的一个博士一起，联合创办了一个与海外资源全面对接的在线留学申请平台，帮学生量身定制绝佳的留学方案，很受国内学生的欢迎。她还亲自主编了听力和口语的英语教材，口碑极好，很快拥有了一批忠实粉丝。宾大毕业回国后又很快创立了第二家公司，目前人在杭州，正在带领团队开创一款智能英语口语学习的APP。

谭跟我说："感觉刚进大学时大家还在同一起跑线上，没想到短短几年时间，佳佳已经远远地把我们甩在身后了。如今，我们只是苦哈哈的小白领，每个月拿四位数的薪水勉强够花，人家却已经是名校海归学霸、90后CEO和美女老板了。你说差距怎么这么大？她是怎么做到的？"

我一口咽下了嘴里正在嚼的东西，非常不合时宜地回了一句："有点小意外，但也不奇怪。毕竟，当年人家上自习、坐镇图书馆啃书、疯狂备战GRE的时候，我们却在宿舍里，躺在床上上网聊天、看美剧和睡懒觉。哈哈……"

虽然我跟佳佳私下里的交集不多，但对她本科时的用功、刻苦和出色，也是有所耳闻。我知道她的学习成绩很好，绩点分在系里始终名列前茅，当年的GRE考试接近满分，大三时就已经开始在网上发布自己总结出来的英语听力教学新论了。

排除特殊案例，在这个世界上，我们每个人拥有的成就和付出的努力都是成正比的。

大学四年，你如果全部用来睡觉，或是混混沌沌地过完1460天，毕业时，收获的大概只是激增的脂肪、已渐迟钝的大脑和蒙上了灰尘的心，连学位证能不能拿到都是个悬念。大学四年，你如果喝几百瓶啤酒，打几千次电子游戏，以3个月一场的频率谈16场恋爱，最后得到的恐怕就是虚弱的体质、磨损的意志和沧桑的心。

当然，大学四年，你也可以选择参加1~2个喜欢的社团，拿2~3次奖学金，考3~4张有用的证书，听30场名家讲座，读100本经典书籍，上810次自习，学有余力的还可以选修一个第二专业，用四年的时间积累丰富的学识，练就更加聪明的头脑，为你想要的未来铺路搭桥。

大学四年，你还可以选择自力更生打一份工，放开身心谈1~2场既不耍流氓又不以婚姻为枷锁的恋爱，心胸坦荡地交几个能把你放在心上、将来愿意借给你钱和参加你婚礼、葬礼的真心朋友，背上行囊去一些你向往已久的地方，放下包袱做几件疯狂的、老了以后想起来都会嘴角上扬、坐在摇椅上晒太阳时能跟儿孙吹牛的事情，用四年的时光换一场最激荡的青春，为生命画上最浓墨重彩的几笔。

虽然人生这场赛跑注定了不完全公平，但每一个阶段的大抵公平还是有的。你选择了什么，就会收获什么；你将时间花在哪里，时间就会还给你什么。观念左右行动，投入决定产出，一切最终输出的结果都是由最初输入的选择和行动导致的。就好像那些经典的老电影，所有故事的结局，在最开始的时候就已经埋下了伏笔，只是有些你没有看出来而已。

一直觉得大学就是社会的预备役，一场磨炼我们身体和心智的旅程。在这个五光十色的花花世界里，在这个混杂着青春热血和荷尔蒙的世界里，在这个第一次正式离开父母的呵护独自飞翔的世界里，有精彩，有诱惑，有钩心斗角，有励志，有颓废……四年之后，有人迅速成长，有人华丽蜕变，有人颓废不堪。

我们不妨试着将这四年的大学时光，当作是一段特殊的"闭关修炼"，修身养性，格物致知，潜心修炼内功和外功。在不断提升自我的同时，提高抵御潜在的外来诱惑的能力。

如果你想让你的大学变成一场最精彩的变形计，如果你想四年之后邂逅一个全新的、更好的、更优秀的自己，那么，从现在开始珍惜你的大学生活，导演一场专属于自己的、华丽精彩的变形计吧。

我们曾渴望命运的波澜，到最后才发现，人生最曼妙的风景，竟是内心的淡定与从容；我们曾期盼外界的认可，到最后才知道，世界是自己的，与他人毫无关系；我们曾计较付出的回报，到最后才懂得，一切得到的终将失去，只能空留一抹浮名。走好选择的路，别选择好走的路，你才能拥有真正的自己。

只有消除了自卑感，充满信心地努力，你才能克服一切障碍，适应任何环境！要想让事情改变，就得先改变自己。要让事情变得更好，就得先让自己变得更好。

拒绝抱怨，选择改变

我们要学会感谢别人的懒惰，因为正是他们的懒惰，才使我们拥有了更多做事的机会，为我们搭起了展示才华的舞台，铺就了通向成功之路的台阶。

我大学毕业到一家集团公司的办公室当文员。办公室主任有一特长，即文章写得好，很有思想，董事长很器重他，董事长的讲话稿和企业的年终总结等一系列重要文章都是出自他的手笔。

我到办公室后，只能是个打杂的，脏活、累活、没名没利的活全归我干了；主任变得越来越懒，一些本来该由他亲自去做的工作，也往往推给我去做。

由于企业名气大，经常要参加省市组织的诸如长跑、登山、演出等活动，要现场采访、拍照。这样的工作时间长，又不算加班，主任便安排我去。

公司会议常常利用晚上的业余时间开，董事长一开会就常常忘记时间，一直开到凌晨。而开会需要录音、做记录。这么辛苦，主任就总让我去。这样一来，我晚上很多的时间用来参加会议，第二天还要整理记录、写报道，工作量增加很多。

我们一些新来的大学生在一起时，常常数落那些老同志，如何的懒和刁，剥削我们的劳动，占用我们的时间，把我们的智慧与劳动成果占为己有，为此愤愤不平，而且有的人还为此一走了之。

一次省电视台的记者要采访董事长，董事长时间比较紧，于是安排在星期天的晚上8点钟。

董事长让主任陪同。可是主任家离公司较远，骑自行车要40分钟。于是他叫我去陪同。我一听就来气了，平时晚上总让加班，我就已经满肚子意见了，星期天还让我来，太那个了吧。更何况这件事董事长就是让他参加的，我和女朋友还有个约会。我很想顶他，但后来想想还是不情愿地参加了。

那天在接受电视台记者采访时，董事长兴致非常好，冒出了好几个火花，即企业发展到现在已经十年了，要"十年归零"，进行第二次创业，并且准备在十周年大庆时有大的动作。

本来这次采访只谈半小时，但由于董事长与记者们非常谈得来，他们一谈就是两个多小时，后来还一起去喝茶。当一切都结束时已经是凌晨1点了。送走记者时，我已经非常困了，没有洗漱倒头就睡了。

第二天我把采访纪要整理好，交给董事长。后来又采写了一篇企业报刊发表的文章，文章标题是《十年归零从头越——董事长发出第二次创业动员令》。董事长感到我非常敏锐地捕捉到了他的灵感，并且文章重点突出、主题新颖。董事长非常高兴，顺便问了昨天晚上主任为什么没有来。我说："他家离得比较远。"董事长接着说："要感谢身边的懒人，要多为自己创造机会！"

从那以后，董事长便常叫我到办公室去，他有些什么思想、感悟都让我整理。再后来，年终总结报告也让我写，我的工资也翻了一倍。我渐渐成了公司的红人，也得到了更多、更大的锻炼机会。

很多时候，有不少别人不愿做的额外的烦琐工作摆在我们面前时，我们常常不是积极地接受并且努力地做好，而是畏难发愁、设法躲避，总是沉溺于抱怨和牢骚，以一种消极、悲观的心态等待、观望或者被动应付。如果从另一个角度来看，有更多的工作做，应当是一件非常幸运的事情。因为，通过做更多的工作，可以提高自己的能力，增加处世的经验。所以，当额外的工作降临到面前时，我们要珍惜这个难得的机会，紧紧地抓住它，不要让它白白地从眼前溜走。

天上掉馅饼，总有它凭空而降的原因。所以，我们要学会感谢别人的懒惰，因为正是他们的懒惰，才使我们拥有了更多做事的机会，为我们搭起了展示才华的舞台，铺就了通向成功之路的台阶。

你成不了心态的主人，必然会沦为情绪的奴隶。你改变不了昨天，但如果你过于忧虑明天，将会毁了今天。不能拥有的，懂得放弃；不能碰触的，学会雪藏。读懂了淡定，才算读懂了人生。生活中会发生什么，我们无法选择，但至少，我们可以选择怎样面对。

我们不要去幻想生活里全是春天，每个人的一生都注定要跋涉坎坷，品尝苦与乐。人生就是从一个梦想走向另一个梦想，从一个远方向另一个远方。不要用烦恼解释生活，原谅生活中的不完美，学会以入世的态度去耕耘，以出世的态度去收获。

每天有收获便是快乐

经常有人问我：为什么我不快乐？生活没什么大的烦恼，但就是不快乐。

我曾经问一个有这样苦恼的女孩："你每天的财富是否都在增长，自己每活一天都觉得赚到了？"她愣了一下，说："我今天收到了三个快递包裹……好像一天没有收包裹，日子就过不下去。"

我身边这样的姑娘不止一个，一天不网购收包裹，生活就黯淡无光。其实这件看上去浅薄的事情，揭示的正是快乐的本质：快乐就是每日有所得。

网购的包裹，是最简单的有所得。但这种快乐之所以短暂，一是因为成本过高，容易引发财政赤字；二是物质上的过多拥有，意味着同时面临一个困扰：舍弃与丢掉。这两方面累加的负面情绪，冲淡了收到包裹的快感。

我认识很多创业的人，回首来时路，觉得艰难的时候，也是最快乐的时候。因为每天三观都被刷新，每天都觉得前一天的自己是个傻瓜。

当然，也有创业不成功的。有一个人，我叫他勇哥，最风光的时候在城中最高档的写字楼租了一层楼办公，却因为摊子铺得太大，像一张锦帛，风一吹就千疮百孔。

然而回忆起那几年，他依然觉得快乐。每天晚上睡在床上，想起今天见到的那个奇葩、谈成的某个合同，都要感叹一次生命的神奇。每天都有新鲜的事情，像黑暗料理刺激着他的视觉与味蕾一样，让他没有时间觉得不快乐。

勇哥生意失败以后，马不停蹄地去云南支教了。他在云南一年，把周围的大小村寨走了个遍。在城市出生长大的他，觉得什么都稀奇。云南转得差不多了，又去了西藏。

勇哥是我见过的最快乐的人。以前我以为他是因为有钱有势，所以快乐。他落魄以后，我开始认真思考他快乐的原因，才发现其实是因为，他努力地让自己每一天都有所得。

我的咖啡馆刚开张的时候，他来捧场，坚持要亲手煮一杯咖啡。虽然那杯咖啡煮过头了，他却很开心地说："好啊，今天煮了人生中的第一杯咖啡。"

孩童为什么容易快乐，因为他对一切充满好奇，每一天都见到了前所未见的事；旅行的时候，我们为什么容易快乐，因为放眼望去，都是没有遇到过的风景与人情，夜晚入睡前，可以像富翁盘点自己的金币一样，盘点今天所见的一切。

我所看到的快乐的人，无不是努力地把自己投入到新奇、陌生的领域，活得像个孩子。

这样的投入，有时是看不到产出的，或者与谋生无关。

最近见到高中同桌。高二时，我们都被学习折磨得"蓝瘦，香菇"，他却搜集了很多易拉罐饮料瓶，准备做一个硕大的机器人。那时候，易拉罐饮料算奢侈品，他常常目光炯炯地对我说："我又捡到一个。"

整个制作过程持续了差不多半年。我非常羡慕他，他每天都那么快乐，被老师骂了都偷着笑。

他现在依然活得兴致勃勃。虽然工作普通，朝九晚五，但他最近开始学吉他了。我去他家，他给我弹琴，他太太在旁边笑，说他整天净搞些没用的。这句话，高中的时候，他妈妈也天天跟他讲。

是的，他的确净搞些没用的，但这些没用的，让他一直过得那么快乐。

毕业时间越长，越发现大家生活的差距变小了。

一个班里，当初为争名次，暗自使劲，觉得考第一名的与考最后一名的会进入不同的星球。毕业10年再看，其实大家过得都差不多。一个班，真正飞黄腾达的，不超过3个人；真正落魄流离的，也不超过3个人。

最后区分了大家容貌与精神状态的，反倒不是你做什么工作、赚多少钱，而是你是否拥有让自己快乐的能力。

我有一个"快乐清单"，记录的就是一些无用的事。有些看上去有用的事，因为没有坚持，也变得无用了。

有一段时间，我每天在网上"斩词"，就是根据有趣的图片说出对应的单词，仿佛记忆力回到了18岁，晚上睡觉前，像看着金币一样看着被斩的词，富足而又开心。几年过去了，当初被斩的词已"全军覆没"，差不多被我忘得一干二净，但那些快乐，是我曾实实在在地得到的。

最近，我又在学唱歌、学播音，纠正自己的普通话。我很清楚，这些极可能会成为多年后"快乐清单"上半途而废的事。然而当下的每一天，我都因为它们而日有所得，而快乐充实。

不要把人生过成任务，不必每一件事都有始有终，更不要因为看不到终点，就连起点都放弃了。有些努力是为了将来，而有些事情则是为了当下。

做一件有趣的事，读一本好书，学一项看似无用的技能，与见识广博的人聊一次天，尝试一种没吃过的东西……既然世间没有真正的永远，那么今日有所得，就是永远有所得；今日快乐，便是永远快乐了。

人，要学会沉默。有些事不必争辩，自己懂得就是最好。人，至少要平静。平静也许没什么快乐，但至少也没多大烦恼。人，要善于调节心绪。万事都别耿耿于怀，退一步也许有意外收获。人，别想"如果当初"。所做的每件事都是人生自己的创作，路既然走了就一直走下去，走好！

人生到了某个阶段，最好还是能接受孤独。酒肉朋友随时可见，但一个人安安静静的时候却很难得。一个人待着读书、散步，或者坐在某个地方什么也不干。外头的天气其实挺好，冷风吹在脸上的感觉也不是想象里那么糟糕，什么也不用去想，什么也不必对抗，大概才是生活原本的模样吧。

你不会一直过得很好，也不会一直过得很糟

在冰岛旅行了一周，遇上了很多从世界各地来看极光的人。当时，冰岛常常风雨交加，即使气象预报报出很高的极光出现概率，当地人也不会告诉你，你今天一定能看到什么。在这个以火山和极光著称的国家里，人们说得最多的话就是"You never know"（你永远都不会知道）。这大概和他们与自然很亲近有关。

这里有太多人类所无法预知的东西——火山、极光、地震……但这反而让当地人的安全感更强了，因为习惯了和那些他们控制不了的事物相处，当谈起一些我们叫作灾难的现象时，他们并没有恐慌。

这次与我同行的女孩，是一个比我高一届的师姐。她一直是个特别努力的人，从小就是全家人的骄傲，中学时代表省里参加奥数比赛，大学时是他们那一届辩论比赛的最佳辩手。至少在23岁前，她从来没有品尝过挫败和失落。

她是个喜欢筹划未来的人，总是走在同龄人之前。所以，她仅仅用了3年的时间就完成了全部的大学课程，在第4年就开始全职实习。那时，极

少有人跟她一样选择这么早进入职场。而为数不多的那些和她一样实习的人，在毕业前夕也都以各种理由请了长假，唯独她在所有人都在忙着计划毕业旅行的时候，一个人做三个人的工作。

因为有前辈跟她说，就业压力很大，让她珍惜这个实习的机会，争取留住这份工作。

同学们都觉得她的牺牲和努力不值，毕竟毕业旅行对每个人来说都只有一次。她从不评论或者反驳，只是做自己的事。最终，她成了那一届最早签了三方协议的人，得到了一份人人渴望的工作。

然而，6个月后的一天早晨，熬了大半夜的她突然被叫到老板办公室，听到了一个不好的消息。

她被裁员了，那件她无数次担心又百般防范的事情还是发生了。

我知道这件事，是因为她问我要不要一起去旅行。那时候，我上大四，是她为数不多的可以选择的同伴。

那一次，我们一起去了江南。也是从那次旅行开始，我们才彼此了解。

在同学们的眼中，她是一个为了工作不要命的人，所以很多不熟悉的人都离她远远的。起初我也有点担心，但抱着多认识一个牛人师姐、多学点经验的心态和她一起踏上了旅途。

那一次，我们走了很多路，她几乎没提过自己被裁员这件事，只是轻描淡写地说自己很有空。直到最后一天，我们在一个开在顶楼的酒吧，迎着冷风，打开一瓶红酒的时候，她才半醉半醒地提起这件事。

那天，她说了很多，我已经记不大清了，只记得一句：别以为你上了好学校、找到好工作就可以高枕无忧，也别以为努力了就能得到你想要的东西。

这可能是她得到的教训。前半句话适用于我，后半句话适用于她。但这两条加在一起，或许才是人生最完整的描述。

身边总有女孩哭着问:"为什么我为他牺牲了这么多,容忍了他这么多,他还要离开我?"她的男朋友却说:"为什么我这么努力地工作,为了给她更好的生活,她却一点不理解,总是在鸡毛蒜皮的小事上斤斤计较?"

两个人都在努力,却渐行渐远,是生活里残酷却真实的场景。以前,每每遇到不能再像以前一样同行的朋友,我都会很感慨。如今,却好像已经习惯了,大概是那后半句话起了点作用。我知道,那只是生活最自然的样子,它或许会如你所料,或许不会。

我认识一个有饮食障碍的女孩,每天和暴食、贪食纠缠。她总在夜深人静的时候去冰箱里找食物,在没人的时候不停地吃,你难以想象她一次能吃多少东西,食物对她而言已不是生理上的需要。

和很多爱美的女孩一样,她生病的起因是减肥,每天只吃很少的东西,每次觉得自己吃多了,就会偷偷地跑去厕所催吐。很快,她就瘦了。然后,她把旅行地从冰天雪地的北国变成了阳光明媚的沙滩海岛,运动项目也从跑步变成了游泳,找各种各样的机会展示自己的好身材。总之,她完全爱上了减肥之后的自己。

伴随着好身材而来的,是一手好厨艺。为了减肥,她研究各种食物的营养成分,也开始学习怎么让食物变得更好吃。

但是,有一天,那些她坚守了很久的防线突然溃败,她对食物开始失去抵抗力。因为她被一个男孩拒绝了,毫无征兆。

所有人都觉得男孩不适合她,他喜欢玩暧昧,从不给她承诺让她觉得他爱她,在她下定决心去表白之后,他却高傲地跟她说:"你想多了。"

于是,她开始自暴自弃。一个月胖了将近20斤,失去了好身材,更失去了对自己的爱。

我没有试图安慰她,因为觉得语言很无力。我相信,生活本身足以让我们学会允许它和我们想象的不一样。

无论你多么貌美如花，依然有很多人不爱你；无论你多么才华横溢，也未必能被这个世界看见。人永远只活在自己的视角里，无法看见世界的全貌，但起起伏伏的生活总会让你明白，你不会一直过得很好，也不会一直过得很糟。

这次在冰岛的旅行里，有一个去爬冰川的机会，当地导游告诉我们，有两条路可以选——一条难行的泥土路和一条易行的石板路。除了几个身体不适的人，大家都选择了那条艰难的路，因为每个人都觉得这条路上一定有更美的风景。

但当大家爬下山来互相传阅照片的时候，一个选择了石板路的小姑娘脸上露出骄傲的笑意，和那些哀叹自己选错了路的人形成了鲜明的对比。原来，那条艰难的路就只是艰难而已。

我和师姐相视一笑。

这大概就是冰岛人的幽默感吧，没有什么是可知的，也没有什么是可测的。但只要你允许风景和你想象的不一样，其实你永远都不会失望。

你可以有一段糟糕的爱情，但你要学会善待自己，照顾好自己，忠于自己，活得像自己。这世上只有一种成功，就是用自己喜欢的方式过一生。恋爱中的女人，所谓的信念就是，无论今天我多么彷徨迷茫，最终，我都要过上我想要的生活。愿有人陪你一起颠沛流离，一起走到看细水长流的那天。

给善意一个长大的时间，一旦蓬勃，将是整个春天的模样；给善意一个表达的时间，一旦开启，将是一条河流的磅礴；给善意一个等待的时间，一旦归来，将是一片辽阔的草原。带着善意向世界示好，那些敌意就会尴尬窘迫；带着善意和陌生交往，那些猜忌就会烟消云散。

你的良善会为你带来惊喜

10年前，我刚来这座城市工作，我单位的旁边有一个理发店。

有一天我顺路进去理发，接待我的是个陌生的理发师，战战兢兢地问我："大哥，我给你理行吗？"我本来对自己的颜值就已经放弃，心想，也就理个普通的短发，就爽快地答应了。结果理到最后，那个年轻的理发师突然停在那里，不语。我催促他："你快点理，我有事要走。"他欲言又止，慌张地立在那里。我再催，他涨红着脸，索性进了里面的房间。我这才意识到，是不是把我头发理坏了，我赶忙站起来，一看，我后脑勺的头发就像被狗啃了似的，瞬间就热血沸腾了。正准备让他赔头发的时候，只听见一个男人嚷嚷着拧着给我理发的那个小伙子的耳朵出来，一边打，一边骂，显然那意思是骂给我听的，表示全部责任由他自己负责。本来我是想和这个老板理论几句：你是法人，就是狗也是你养的，你必须负责。

但看小伙子满眼泪水，特别窘迫地立在那里，一脸可怜的样子，我不知为什么心软了下来，索性让那小伙子理成光头算了，加上单位有事，我急急忙忙理完就走了。

3年前，我带朋友去包头办事，中午在一个饭店吃饭，席间，服务员过来传话："你们的费用，老板买单了。"我们同行的人都很诧异，等老板出来，才知道是10年前那个理发的学徒，他的一句话让我至今温暖：是你的善意，给我初闯社会带来了第一丝勇气。

20年前，我代过一学期课。教过一批学生，其中有个学生虽然刻苦，但因不得要领，成绩始终未有长进。他很自卑，几次提出要退学回家，理由是没开学习那窍。我那时正年轻，责任心很强，一直鼓励他，只要学，就是进步。20年后，当年的那个学生已经是一名出色的牙科医生，每次教师节都会发来祝福的短信，教书那段时光成为我炫耀的经历。善意原来是一棵矮树，不经意间已经结满了丰硕的果实。

我刚开始在微信平台发表文章的时候，朋友就告诫我，玻璃心就不要涉猎网络，遭遇喷子，你甚至连对手和敌人都看不见，无影迷踪拳很容易让你内伤不愈！我一直以为我已经做好了心理准备，但当谩骂真正来临的时候，才知道那种疾风暴雨的委屈是钢化心都难以做到岿然不动的。其中有个网友，不知道和我结了什么仇什么怨，从去年开始就风雨无阻地指责挑刺谩骂，从最初的生殖器扑面而来到今年已经妙笔生花地无脏字骂人。我和一位朋友聊起这事，说自己不知什么时候拉仇恨惹下这么一个奇葩。我朋友居然劝导我，你试着从善意的方面想，是不是那网友太喜欢你了，骂你就是想引起你的关注，你试着对他的留言真诚地回复一下看看效果。结果，那人给我写来一米多长的心情日记，全是我对他先前漠然的委屈和控诉。我用善意向你示好，这世界原来如此美好。岁月是一亩田，善意会生长。

几年前看一篇访问范冰冰的文章。那时的她，艳名远播，绯闻缠身，神秘魅惑，性感妖娆。她被塑造成了银幕上最经典的蛇蝎美人。那些骂词几乎能绕地球三圈，我当时还想，这需要多么强大的内心才能置若罔闻，泰然处之。

当风雨过后，范冰冰是用这样的段子来解释自己的过往的："寒山问拾得：如有人骂我，辱我，欺我，骗我，谤我，该如何处之？拾得：忍他，让他，躲他，避他，由他。再过几年，你且看他。种植善意，收获美好。"

演员汤唯拍完《色戒》，人生随即进入谷底。一夜之间，命运颠沛流离，梦想跌入谷底。前路茫茫，尤不可知，却没有大悲大怒大哭，而是默默地面对未来，豁达的名士风范，对厄运处之泰然。虽然整个电影圈对她都扶危济困，但是所有的暗淡只有她自己知道。再度归来，已经历经晚秋、黄金时代，汤唯全身散发出来的文青气质芬芳了整个荧屏。汤唯感慨，是那些善意成全了当下的她。世事委屈了你的，岁月就会加倍偿还。

种植善意，培植美好。真正能打动人心的是人的诚意、言语和流露出来的温暖与尊重。多少人怀揣的良善，多少人心间的明媚，都是被我们审视、猜忌和怀疑的目光灼伤，变得冷漠而麻木。其实，善意是一缕清风，能温暖春花，也能带来夏雨。每一个善意都应该得到尊重。小小的善意，像一滴晶莹的露珠，来去无痕，微不足道，但却滋润万物。心灵因小小的善意而备感温暖，生活因小小的善意而凸显美丽。

给善意一个长大的时间，一旦蓬勃，将是整个春天的模样；给善意一个表达的时间，一旦开启，将是一条河流的磅礴；给善意一个等待的时间，一旦归来，将是一片辽阔的草原。带着善意向世界示好，那些敌意就会尴尬窘迫；带着善意和陌生交往，那些猜忌就会烟消云散。

原来岁月是一亩田，种植善意，会长成惊喜。

突然想起三毛的那句诗：

记得当时年纪小，
你爱谈天，我爱笑。

有一回并肩坐在桃树下,
风在林梢鸟儿在叫,
不知怎么睡着了,
梦里花落知多少。

这不就是种植吗?

世界龌龊,人心复杂,你都必须知道,你都会经历,但世界上一定还有很多人,和你一样,看透人情却不世故,褪去稚嫩仍旧单纯,遭遇冷漠依旧善良。选择龌龊、丑恶和冷漠的人,生活不会因为你这样而开始善待你,一定会有人比你更复杂。你不如一往无前地选择做自己,看透却不失望,一定比堕落强。

人的差别在于业余时间，而一个人的命运决定于晚上8点到10点之间。每晚抽出2个小时的时间用来阅读、进修、思考或聆听一些演讲、讨论，就会发现，你的人生正在向着更好的方向改变。

你人生的方向来自你阅读的积累

[01]

昨天下午，我和一名读者见面。他16岁，已经关注了我1年，受我文字的影响，他已经开始系统安排自己的时间，每天抽出1个小时阅读，今年已经读完了3本英语原著，还在自学日语。我心里想，这个小孩子前途无量啊。

认识我的朋友都知道，我从3年前开始做时间管理，每年花大概300小时在阅读上，看50本书左右，虽然并不多，但这几乎是我做的事情中投入产出比最高的了。

我们在他高中附近的咖啡厅分别时，他希望我给他关于阅读的建议，我只想到了两点：坚持读，坚持写。我告诉他一定要好好坚持这两件事情，将来一定有大的进步，我期待他进步后的分享。

正如我从来没有想过，阅读会改变我的生活一样，我不知道自己的文字竟然能真的影响到这位16岁少年的成长，我在他的身上，看见了自己过去的影子。

[02]

前段时间在大理旅行的时候，我认识了一位职场妈妈A，她在享受公司项目结束的假期。我和她在洱海旁的小饭馆一起吃饭时，她告诉我每天的生活——上班、下班、煮饭、家务、洗漱、哄孩子睡觉，每天晚上10点，才开始有自己的时间，但是她还是会抽一两个小时进行阅读，即使在大理，她也随身带着一本萧秋水老师的《这一生，静待时光检验》，正因为我也很喜欢这本书，才鼓起勇气搭讪。

朋友B是一名职场新人，她经常找我讨论阅读的问题。B总是抱怨："我这周又加班了，根本没有时间阅读，我应该怎么办？"但是看了一下她的朋友圈，却充斥着逛街、吃饭、看电影、旅游的各种照片，加一晚班，已经发了两条朋友圈。

你并没你想象中那么勤奋，默默努力的人也从来不会晒加班，因为在他们看来，这是自己工作低效的惩罚，而不是炫耀的资本。

职场妈妈A每天坚持阅读，还把自己的感悟写出来，发布到微信平台上，两年的坚持终于有了收获，今年她的第一本书即将出版。

你认为没有时间阅读，只是因为你觉得阅读不那么重要而已。

[03]

以前我喜欢待在图书馆读书，除了读不完的书，我更喜欢那里安静舒适的读书环境。环境的确对个人的成长十分重要，但随着我对阅读的喜爱不断加深，我的这个观念完全改变了。

一本好书是一顿丰盛的精神大餐，我不介意随时随地地享用它。

因为搬家，我远离了图书馆，我不能经常去那儿一待一个下午了，只能每个月借3本书，读完还了再借。为了读更多的书，我必须挤出各种时间，我开始在各种场合读书，公交上、地铁上、课间、床上，每次去图书馆还书、借书时，我都能感觉到自己的心智在一点一点成长。

如果你一定要在舒适的环境中才能阅读，那只是你给自己偷懒的借口，生活不会永远都让你舒服，而阅读可以改变命运。

[04]

小的时候我总喜欢往学校的图书馆、附近的新华书店、周围的杂志摊跑，那个时候没有零用钱，每天回家不坐车，省一元钱路费，一个月就能买到一两本喜欢的书，或者干脆在那里看到别人赶我走。

那个时候的阅读全凭感觉，觉得哪本有趣就读哪本，这些有趣的书是我童年最好的朋友，我喜欢和书里的主角对话，我会去脑补自己在故事的拐角处如何选择，我会为剧情的跌宕起伏而惊叹、流泪，我也因此成了一个脑洞大开、热爱冒险的人。

毕业后，我的第一份工作是朝九晚五的外企白领，有大量的业余时间可支配，为了提高自己在职场的竞争力，我的阅读开始往实用、系统上靠拢。

当我不知道如何开始阅读时，我读完晦涩的《如何阅读一本书》，应用里面的方法。

当我意识到我的时间观念不强时，我用主题阅读的思路花半年读了20多本相关的书，建立了理论基础。

当我知道读英文原版可以提高英语水平时，我花4年时间读了44本英语原著，成绩突飞猛进。

"You are what you read."（你的阅读造就了你）阅读分两种：一种是有趣，一种是有用。通过阅读，我成了一个既有趣又有用的人。

[05]

我开始将自己的阅读心得写出来，一开始是写在日记本上，后来是在QQ空间、微博、豆瓣、简书、公众号上写。我的读者从只有自己，拓展到身边的人，再到远在其他城市的朋友，从0开始到现在积累了近8万读者。

我也曾经和很多人一样，对互联网的世界充满好奇，这是一个让我好奇、向往，同时又充满未知的领域。

我从来没有想过，从外企离职后，一家非常棒的互联网的初创公司CEO邀请我以第一位成员的身份加入，竟然也是因为我写过的一些文字。

过去一年是我快速成长的一年，我不仅学会了阅读书籍，还学会阅读人，学会阅读社会，学会感恩。

因为阅读这个习惯，我改变了自己的人生轨迹。既然已经决定上路了，为什么不勇敢一些呢？

被窝里的温度，远不如未来的收获温暖，所以不能贪图安逸；书本里的故事，总有你能学到的人生智慧，所以要多阅读；疏于运动，只会让生命生锈，所以要多锻炼；对自己负责，才能对别人负责，所以要学会珍惜。

这一生，除了自己谁也不能对我们负责，我们一定要将自己修炼得强大。要对自己有信心，相信自己能做出正确的决定，养成思考的习惯，不要随意附和别人，大胆地承担失败的后果。其实，凡事只要我们认真做了，只要我们今天做得比昨天好，我们就应该为自己喝彩，为自己鼓掌加油。

你认真做事的态度，能吸引你的贵人

下班的路上，手机响起，传来小周兴奋的声音："姐，我升职了，海外事业部经理，我终于也挣年薪了！"小周是我的一个前同事，他学的是国际贸易，由于在我们这儿专业不对口，他辞职去了一家贸易公司。记得两年前那个31号的下午，已经过了下班时间，我正要关电脑回家，小周发来当天的工作日志。这是公司规定，每位员工都要在每天早上一上班，把前一天的工作日志发给我们部门。现在发，是因为他明天就不来上班了。

我打开小周的日志，在他在岗的最后一天，工作依然安排得一丝不苟。本来他白天已经把所有的离职手续都办完了，完全可以不必再写日志。那一刻，我心里怦然一动——这个不言不语的小伙子，他做事的态度，认真得让人感动。记得当初小周来应聘时，专业不对口，但他的表现非常出色，初试、复试成绩都排在前面，因此被破格录用。小周被安排到了技术部，那些高难度的软件他之前基本没有接触过。不知道他付出了多少辛苦，竟用一个月时间，全部学会了。那段时间，他整个人瘦了一圈。正想着，小周和我来道别了，我们互相加了微信。他临出门时，我说了一句:"你会很快实现自己的梦想。"他有点吃惊:"姐,你为什么这么说?"我没有正面回答,反问他:"你有什么梦想呢?"小周想了想:"姐,我来自农村,家庭条件不太好。我的梦想就是希望有一天和咱们公司的高管们一样,挣到年薪,让我的父母过上好日子。"

我微笑:"你没有问题的,到时候别忘了告诉我,让我替你高兴高兴。"小周用力点头:"一定,姐,保持联系。"这两年,小周每有开心或者烦恼的事时,时常会和我聊聊。他说自己很幸运,总是遇到贵人的提携。在新公司,刚去不久就做了主管,两年几个台阶,事业一直处于上升状态,也实现了自己的梦想。

小周的话让我想起我的朋友张总。前段时间我去张总的公司,正值那里大兴工程,职工公寓、游泳馆、体育场、健身馆样样俱全,简直就是一个现代化大型企业的模样。10年前,张总的公司才只有20多亩地。在一次博览会上,他认识了广东的一个大老板,抱着试试看的想法,张总向这位老板推荐了自己的公司。看他态度那么认真诚恳,广东老板就带着集团几位高管来考察张总的公司了。

正值腊月,天寒地冻,广东客人穿着单薄,一下飞机就喊"冻死了"。在机场接客人的张总,早就给每人准备了一件羽绒服,一行人对他纷纷点赞。

到了张总的公司,广东客人对他精工细作的产品很满意。但根据设备场地计算了产量,不符合采购标准,合作的事暂时就搁浅了。

但这次考察,张总给广东客人留下了很好的印象。广东人有吃夜宵的习惯,他们入住的宾馆不提供这项服务,张总每天晚上10点都准时给每位客人煮一份夜宵送到房间。没有成为合作伙伴,却成了朋友。逢年过节,都彼此发节日问候。早在七八年之前,张总的公司就开始了二期建设,产量翻了几倍。那位广东老板,也成了他们最大的客户。在经济低迷时期,张总就是靠这位大客户的支持而渡过了难关。记得前段时间看《欢乐颂》，演到关雎尔在工作中遇到了挫折，和安迪哭诉："姐姐，长大好累呀，做事好累呀。"安迪说："和你分享件愉快的事吧，我和小曲曾经讨论过，如果你哪天失业了，我们都愿意聘用你。"关雎尔惊喜地问："为什么呀？"安迪回答："因为你是一个很认真而且能做好事情的人。"是啊，哪个人不喜欢做事认真又能把事情做好的人呢？把一件件小事用心做好，就像一针一线的刺绣，近看是简单的针脚，放眼望去却是一幅美丽的画卷。人生就是无数细小的积累，一屋不扫，何以扫天下？整天想着升职加薪，却又不安心工作。你宁可坐在办公桌前不停地刷朋友圈、刷微博，看着别人一步步抵达自己的诗和远方，却不愿用心把自己分内的事情做好。连最基础的工作都做不好，谁愿意给你机会？你又何谈自己的未来？你认真读书的样子，你认真写字的样子，你认真工作的样子，真的很美。你认真做事的态度，能吸引你的贵人，也能助你抵达美好的未来。你，才是自己的贵人。

　　真实的生活是：认真做好每一天你分内的事情，不索取目前与你无关的爱与远景，不纠缠于多余情绪和评断。不妄想，不在其中自我沉醉；不伤害，不与自己和他人为敌；不表演，也不相信他人的表演。

CHAPTER 05

用力走下去
才能知道未来

一生很短，
短得来不及享用美好年华，
就已经身处迟暮。
我们总是经过得太快，
而领悟得太晚。

未来会怎样，
用力走下去才会知道。

就算全世界都否定你,你也要相信自己。不去想别人的看法,旁人的话不过是尘埃,下一秒就会被风吹散。这是你的生活,没有人能插足,除了你自己,谁都不重要。悲伤了,尽情地哭,泪干后,仰起头笑得仍然灿烂。一往无前,激发生命所有的热情。年轻不怕跌倒,要永远让自己活得漂亮。

跌倒了记得爬起来,别让你的人生白来一场

[01]

朋友因为伤病和年龄从跆拳道国家队退役的时候,我曾问他:"你甘心吗?"

他很不解地问我:"什么甘不甘心?"

我说:"你在国家队泡了那么些年,还远离家人到国外训练,最后也没有打过什么大赛,还落了一身伤病。难道你就没有不甘心,没有觉得浪费青春吗?"

他笑着说:"遗憾自然有,毕竟你把所有心血都放在这个事业上,没有取得你想要的成绩肯定不能算完美收官。但我并不是一无所有啊,我从来没有荒废过我的青春,进入国家队已经实现了我的梦想。我和最优秀的队友一起训练、学习,我得到的是比荣誉更多的东西,一切付出都不是白费。我不但不认为自己是个失败者,我反而觉得自己无比成功。"

如今，他在大学任教，自己开了个道馆，一生都将延续和跆拳道的缘分。

的确，他没有得到他渴望拥有的名声、成绩，但起码他证明了他在这个领域是最棒的之一，这就是成功。

命运从不亏欠那些愿意为梦想付出的人。

[02]

1996年亚特兰大奥运会开幕式上，当阿里颤颤巍巍却一脸坚毅地点燃奥运圣火的时候，你才知道这个男人曾为了自己的梦想付出过多少代价。

没有任何成功是上天平白无故的馈赠。阿里的启蒙教练曾透露，阿里在儿时的训练中很少缺席，每次他到的时候阿里就已经来了，他走了以后阿里却还在那儿练。

阿里不是没有过失败和低谷，他曾被禁赛，在家赋闲5年，他也因久疏战阵被数次击倒。可他比任何人都明白战斗与坚持的意义，他自己也说过："爬起来比跌倒多一次，就是成功。"

当在1977年被诊断出帕金森综合征时，他仍不愿放弃。职业拳击生涯中，29 000多次对他头部的重击，让他饱受病痛的折磨。直到他拿到运动生涯最后一个冠军再也无法坚持比赛时，他才不得不离开自己热爱的拳台。

真正的成功不在于结果是否美妙，而在于你是不是在坚持，你是不是跌倒了还能爬起来。

我们都有各自的梦想，可没有人的梦想会随随便便实现。

冰心说："成功之花，人们往往惊羡它现时的明艳，然而当初，它的芽儿却浸透了奋斗的泪泉，洒满了牺牲的血雨。"

[03]

人最容易犯的毛病不外乎你总是在想"我要做什么""我想得到什么",却从来不想"我正在做什么"。

经常有年轻人问我:"像你一样写作挣钱吗?杂志、媒体会用我的稿子吗?"

我总是会反问一句:"你写过什么?写得好吗?"

然而得到的回答常常是:"我还没开始写,更谈不上好坏。"

假如一个人总是急于追求结果,却不关注自己究竟做过什么,那么这个人追求的东西又凭什么来到他身边呢?

想起朋友曾经跟我抱怨说:"工作无趣,自己没有进步,上班常常无所事事,下班就是浪费时间。我觉得自己的职业目标永远都无法实现。"

我很奇怪他这样的说法。你什么都没做,就说自己不会成功,这未免太小孩子气了。

于是,我劝他不妨先给自己定一个小小的目标,比如每天参加一些学习社群,多给自己充充电;把想法做成方案报给自己的上级,也可以自己私下尝试,成果和成长自然都是自己的。

对于一个有追求的人来说,真正的梦想应该是理想主义和现实主义的结合体,你要敢想,更要肯做。

梦想从来不是空口无凭的大话,而是在寂静的奋斗里努力生长的果实。

[04]

很多时候,我们总在抱怨事情做起来很难,想法不切实际。总在说自己很累，却明明在浪费光阴。总是认为自己能力不够，却从来没有提升自己。

我们真正的问题在于：你总是想得太多，然而做得太少。

其实，并不是梦想有多么不切实际，多么不可触碰，而是你把梦想当做白日梦，把自己当作空想家。

路遥在《平凡的世界》里写过：生命里有着多少的无奈和惋惜，又有着怎样的愁苦和感伤？雨浸风蚀的落寞与苦楚一定是水，静静地流过青春奋斗的日子和触摸理想的岁月。

一切真的无关成功失败，也无关结果好坏。人生并不是一个成王败寇的战场，而是奋斗者的舞台。不是说每一个不曾起舞的日子都是一种辜负吗？

我们的生命中应该有一种意义，不在于我们在追求什么，而在于我们是不是永远在追求的路上。跌倒了没关系，只要你再爬起来，那便绝不会白来一场。

说到底，别让你的梦想只是梦和想。

人生在世，行路匆匆，世界上最富有的人，是跌倒最多的人；世界上最勇敢的人，是每次跌倒都能爬起来的人！我们每个人都有自我，我们每个人都需要沉淀，我们每个人也都处在一个环境之中。

你习惯晚睡,你喜欢发呆,你没什么坚持的动力,也觉得很难做个开心的人。你无法忍受那样的自己,又深知没有能力改变。你别害怕也别试图强迫自己,世事无常,总该有一段日子是用来浪费的,总要有无能为力的不愉快。在一切变好之前,给好运一点时间,在今后闪闪发亮的时候你会感谢这些糟糕的日子。

你的足够努力会为你带来好运

这几天,好些朋友和我交流写文章的经验。我从两个月前开始在网上写文,第二篇文章就有幸上了微博热搜,转发破10万,后来陆陆续续写过一些转发很广的文章,前几天一篇文章仅在一个公众号上就已经点击破百万。我算蛮幸运的。于是不少人来问我,有什么心得吗?

我真的说不出什么来。讲来讲去,也就是"内容为王"和"很幸运"这两句话了。

其实,还有未曾说过的。比如,别人看到我是写了短短两个月,就攒到了两万关注,只有我自己知道,我写了岂止两个月。我收到第一本样刊在2006年。到现在,满打满算快10年了。这些年里,我收过的样刊摆满了书架。今年过年回家,我试图把新的样刊放进去,发现已经塞不下了。

可是,就像我会把样刊封存在角落里的书架上一样,我一直讳谈自己是个写作者。如果有亲戚朋友问起,我都只推说自己是写了玩玩的。其实我写得很认真,却不愿提及这份认真。因为我害怕,怕被问起笔名,对方得知后茫然地摇摇头,说没听说过。10年之间,我陆陆续续换了几个笔名,躲在无人知晓的一隅,写着无人问津的文字。

得知我在写文的朋友们,最经常问我的是:"你出过书吗?"抱歉,没有。我想写长篇,编辑A对我说:"你没有名气,所以你如果想写,我们只能让你替有名气的作者代笔。"我拒绝了。

后来在一家杂志上连续发表了一些文章,编辑B跟我约长篇。我每天想情节想到凌晨,几易其稿,好不容易折腾出详尽的人物设计和大纲给她,她却再也没跟我提过。这件事就此被搁置了。

我想出一本自己的短篇小说合集,把十几篇文章发给编辑C,C对我说:"你粉丝不够多,我们要慎重考虑。"一考虑,就是大半年毫无音信。过了很久后我再问她,这才得知,她一直晾着我的稿子,还没有送审。

有一个因为写作而认识的朋友,走红了。有一天,我突然想起,之前每天都在朋友圈发自拍的他,似乎销声匿迹了。我好奇地点进他的头像,发现里面什么消息都没有,只有一条浅灰色的横线,休止符一样。我这才知道,原来他已经屏蔽了我,或者删除了好友。

遭到的冷遇经历,三言两语难以言尽。可是说真的,即使时时碰壁,我也从没有想过要停笔。

其实,我是一个挺务实的人,甚至有点功利。但是对文字,我却有着超乎寻常的耐心。我不敢说"十年如一日",但过去的这些年里,哪怕我知道可能再怎么写都摆脱不了小透明的命运,哪怕我知道自己可以拿写文的时间去做性价比更高的事情,我也从来没想过要放弃。

印象最深刻的高中时代,我租住在学校附近,学业压力繁重,自然没有人支持我写东西,于是我就偷偷地写。那时候我还没有笔记本电脑,便跟闺蜜借,顶着冬日刺骨的寒风,骑车去附近大学的自习室,一个人一写就是一整天。听着键盘被敲击时发出的微弱响声,我会有一种莫名的满足感。

我随时随地将生活中的故事记录下来，即使最后大部分没能成为素材，但现在看着那些生活记录，仍会有一种"噢！我原来还经历过这样的事情"的奇妙感慨。

寂寂无闻的漫长岁月里，我靠着一份愚钝的热爱，一直坚持到现在。如果说两个月攒到两万关注是幸运的，那如果把战线拉长到10年，或许就没多少人会羡慕我了吧。

去年在台湾，我遇到一个残障者。他在人烟稀少的山上开了一家餐饮店，从当初的无人问津，做到如今风生水起，很多文人雅士慕名来访。记者的长枪短炮架在他的面前，问他是如何做出这个传奇品牌的。他说了这样一句话："做就对了，做久了就对了。"

人人羡慕他的幸运，才开餐厅没几年就备受关注。谁曾知晓，起步阶段，所有事情都要他一个行动不便的残障者亲力亲为，甚至连抽水马桶都要亲自打扫。在分享会上，他特地把用手机拍下的被自己打扫得光洁如新的坐便器投影到屏幕上，乐呵呵地说："辛苦，但心不苦！"我竟然听得鼻子泛酸。

还遇到一个即将退休的导演，他说的两句话，让我印象极深。他说："喜欢什么，就把它玩下去，玩一辈子，就对了。"他还说："要有耐心、恒心。"每当想起这句话时，我心中总是涌起一阵感动。他的话，对每一个追梦的人来说，是慰藉，也是鼓舞。

我的云盘里，有个文件夹，叫"英雄梦想"。里面存放着我曾经写过的所有文字，有被录用的，有被拒稿的，林林总总，许许多多。

杜拉斯有这样一句话："爱之于我，不是肌肤之亲，不是一蔬一饭。它是一种不死的欲望，是疲惫生活中的英雄梦想。"

我把文字当作我疲惫生活里的英雄梦想。它曾经是藏在书柜里、无人看见的小小梦想，如今是被小小的一撮人订阅着的小小梦想。即使只是这样小小的成绩，我也深感自己非常幸运。因为这世上一定还有很多比我还努力的人，获得的关注却寥寥无几。

我有一个好朋友，19岁就出了第一本书，可以说是幸运儿。可是鲜有人知，她是在实习上下班的地铁上，写完了这本书。

我有一个喜欢的作者，几年前，她的第一职业是会计师事务所的审计师，工作忙碌，但她一直坚持写作，甚至有时候地铁上挤得连座位都没有，她就站着在电脑上打字。

这样的人，受到命运的青睐，也在意料之中。

我看过一个朋友的采访，当时他所在的团队拿了一个全国性比赛的金奖，采访者问他们为什么能取得这样的好成绩，他们归结于"幸运"。于是，采访者写下了这样一段话：幸运，从来都是强者的谦辞，每个幸运者的背后，都有着与幸运无关的故事。

我非常钦佩那些靠努力付出得来成绩，却愿意归功于走运的人。他们很少在朋友圈发一些自怜求安慰的内容，心无怨尤，往往默默地把事给做了，却从不居功自傲。他们没有人定胜天的骄横，对生活永远抱着一种感激的、谦卑的心情。就算有天生幸运，也只有这样的人，才当得起此等幸运吧。

有句话说，你只有足够努力，才能看起来毫不费力。而我想说，你只有足够努力，才有机会拥有好运气。

越来越发现，越是阳光、正能量的人，才越会有好运。越自卑越没人看得起，越自怨自艾越讨人厌，越想跟别人倒苦水越没人想听。从今往后当个风轻云淡、不在痛苦事儿上矫情的人。积极向上，热爱生活，难过了就撸串喝啤酒吃烤鸡翅、猪肘子、比萨、牛排。热爱自己，才惹人怜爱。

谁都有脾气，但要学会收敛，在沉默中观察，在冷静中思考，别让冲动的魔鬼酿成无可挽回的错。谁都有梦想，但要立足现实，在拼搏中靠近，在忍耐中坚持，别把梦想挂在嘴边，常立志者无志。谁都有底线，但要懂得把握，大事重原则，小事有分寸。

你梦想的火种，别被任何冷眼浇灭了

这两天，上海女孩到江西男友老家过年因一顿饭导致分手的事引发热议。对于此事，男女主角或许都有苦衷，不可妄评对错。同为农家子弟，我深知成长成材之不易，只希望那个男生不要气馁，我也愿把我的故事分享给他和诸君。

我出生在吉林农村，父母20岁左右便结婚，母亲21岁就有了我。高考成绩发布时，我的校长还调侃父亲是"早生贵子"。实际上，这样的早婚现象在农村很普遍，我的好多小学同学早就育有子女，如果我不上大学，我的孩子或许也已经两三岁了。

我3岁时就开始在姥姥家生活，姥姥是农民，姥爷是铁匠。我是趴在姥姥后背上长大的，印象里上小学之前，姥姥都会背着我。我有一个舅舅、两个姨，姥爷很重视孩子的学习，所以老舅和老姨都因为上学结婚很晚，我最大的表妹也小我8岁。由于这个原因，我从小被长辈宠爱有加。我的启蒙教育是老姨进行的。老姨毕业后分配的第一份工作是在一个村小学教书，因而我在6岁时就学会了汉语拼音和一百以内的加减法。

我的小学是8岁开始的,上的是乡小,条件相对较好。当然,比较的对象是那些村小。我小学的前四个年头是在低矮的平房里度过的,黑板是用墨水涂在两块木板上,只能用黑板擦擦。我到了初中,才在学校看见一间多媒体教室。当时很难的一件事是上厕所,农村都是旱厕,即使后来盖了教学楼,我们也一直用旱厕。记得那几年厕所离学校非常远,课间10分钟上厕所是个难题。有一次整天下大雨,老师就让我们男生找个角落用瓶子解决了。还有一个同学,因为个子矮小,上厕所时和同学打闹被推到了厕所里,非常危险。

小学时我们基本不在食堂吃饭,每天中午家人会给我一元钱,我买一包干脆面和一袋辣条凑合。我的条件是比较好的,有的家庭困难的同学,是不吃午饭的。小学五年级时,我们班才有了饮水机,之前有一口井,班级里大个子同学去井里打水给我们喝。农村人喝生水不是问题,到现在我爷爷奶奶还爱喝井里拔凉的水,一般不会拉肚子。

在平房里上学时,最难熬的是冬天。每到"十一"假期,我和小伙伴们都要去拾柴火,以备冬天班级里取暖用。那个时候,柴火按人头交,每人两捆。这些柴火有的是大豆根,有的是在山上捡来的树枝。班主任会在班级后面的角落里堆成一个小型柴火堆,加上学校分给每个班的煤,这些就是我们四十个人的班级整个冬天的取暖来源了。班级里没有暖气,取暖靠一个炉子,那个时候,炉子周围的座位是给距离学校远的同学的。每年冬天他们走着上学,到学校时已经全身湿透了。靠在炉子边,可以暖和一点。

到了五年级,学校盖了一间教学楼,高年级的同学可以去教学楼里学习。五年级,我们开始有了一间计算机教室,每个班级每周有一节计算机课。这是大家每周最盼望的课程了。计算机和互联网的一切都让我们惊奇。那时候,一个壁纸和屏幕保护程序我都能玩一节课。学校机房地板很好,为了不损坏地板,大家要穿拖鞋上课。所以,每次计算机课,汗脚的臭味都是大家要忍受的。

六年级涉及一个问题：小升初。当时，家里人想送我到县里去读初中，但是后来由于各种原因，我最终还是在乡里的初中读书。我小学六年，一直没学过英语，英语知识一片空白。恰好那年小升初考试要考英语，60分满分，我考了5分，英语作文是用汉语拼音写的，什么都不认识。但是由于数学、语文的成绩很好，我还是在乡里取得了不错的成绩。

姥爷一直重视我的教育，我初一那年分班时，他特意去找中学的校长做工作，让他给我分一个好班。所谓好班，也只不过是学习好的同学相对较多而已。我的英语老师是中学比较有名的老师，对我非常好，每天晚上6点，我都会去她家里学习，一直学到晚上9点，这样的日子我过了整整两年。

农村的夜晚一般8点就安静了，大路上一个人都没有。每天晚上9点我骑着自行车从老师家回姥姥家要有一段路，一路上一个人都没有，只有偶尔经过一辆车，很辛苦很害怕。记得有一次，我在骑自行车下坡道时，由于车速很快，为了躲避一辆大车，我狠狠地摔倒了，趴在地上过了八九分钟才起来。自行车摔坏了，我扛着车一边走一边哭，心里告诉自己，一定好好学习，这辈子再也不过这样的生活了。

功夫不负有心人，从初二开始，我的成绩一直是年级数一数二的。初三时，由于我们是乡村初中，没有晚自习，所以每天老师要上10节课，五点半才放学，回到家都已经夜幕低沉，每天要完成七科的作业，要学到深夜。每次模拟都感觉自己在学校考得很好，但是成绩拿到县里，就会被比下去。所以那时候自己的想法就是：离开这个小乡村，考到县里的重点高中去。

我记得那是2009年6月25日，我坐着学校的大巴车来到了永吉县城。这是我第四次来到县里，感觉一切都是那么好。我第一次来到我后来就读的永吉实验高中，当时感觉那校园真的太美了。我和老师、同学们一遍遍地在校园里走，不肯放过任何一个角落。

上天总是和人开玩笑，我中考在家乡亲属和老师的瞩目下发挥失常了。我第一次在年级排到了第八名，而且发挥失常的竟然是数学。这在我生活的村子里产生了挺大的躁动，各种声音都有，说我之前的成绩是抄的，说我本来就不行的，说我的同学们是为了超过我保留实力的，我人生第一次尝到了失败的滋味，心中五味杂陈。升学宴那天，我连给亲友们点烟敬酒的勇气都没有，总感觉大家看我的眼神很异样。后来整个高中，我从来不回母校，从不和过去的同学们联系，直到我高考成功。

虽然中考失利，但我还是考入了县里的重点高中，还分到了实验班。高中报到那天，我和妈妈爸爸来到班主任面前，老师问我的名字，找了很久才找到，原来我是班里的最后一名，倒数第一。这个角色是我从来没有经历过的，我也不知道一直被老师们重点关注的我怎样面对这个角色，只记得那天所有的家长在家长会后都和班主任寒暄了几句，而我们一家几口人则灰溜溜地赶紧离开了。我至今记得爸爸妈妈那天的脸色。

不就是倒数第一吗？我就不信我比不过别人。这是我那天一直想的，每到人生低谷时，我都会想到初中时的那天夜里，我扛着自行车一瘸一拐走回家的情景，便觉得没有什么战胜不了的。在军训时，校长来我们班级里选闭幕式发言的同学，我自告奋勇举了手，老师当时虽然有些怀疑，但还是选了我的稿子。凭借那一篇稿子，我第一次在高中有了些名气。

但高中不拼文采，比的是成绩。成绩不好，说什么也不好听。刚到一个新的学习环境，我感觉一切都是陌生的。第一天上学我就不知道自习课应该如何度过，应该干什么。我还以为像初中一样，自习课自己支配，随便干什么都行。所以我的第一节自习课选择了上厕所，因为课间人太多，没时间。这个举动被班主任严厉地批评了，她可能认为我不知道自习怎么上是敷衍她。但她怎会知道，我来自全县唯一一所没有自习课的农村中学。

高中的第一次考试，我就从全校两百多名考到了第七名，当时还引起了老师、同学们的质疑，怀疑我是怎么考到这个成绩的。后来分文理科时，我的成绩一直处在文科班第一、第二的位置上（真的没有排过第三）。但是由于中考的事情，全家从来不把我的好成绩宣扬出去，生怕我高考掉链子。

这一切都在我成为县里高考文科状元时改变了。消息发布的那个时刻，整个村子的人都不敢相信，因为我是老家村子里走出去的第一个大学生。人家都说：老李家祖坟冒了一股青气，祖先有灵才会这样。没有人知道，我高中那一个个困倦难耐的夜晚和我自己承受的无尽压力。

我爷爷奶奶、父母叔伯走在大街上都非常有面子。期间，《江城日报》写过关于我的一篇报道，爸爸买了那天所有的报纸，发给乡亲们看。吉林市文庙为各个县的状元们举行走状元桥表彰仪式，我爸爸戴着大红花和我走状元桥，文庙把我的名字刻在了吉林自前清开始所有状元的名录上。那个夏天，我感觉一切都是美丽的。

我是农家子弟，但没有像有些人那样为学费发愁，爸妈也从来没有在钱上让我犯过难。第一次来北京，是妈妈和老姨陪我来的。爸爸由于我开学前的一次车祸，那时还躺在病床上。我们一行三人舍不得打车，排队买票坐地铁。第一次坐二号线我们还坐错了方向，辗转很久才来到了人民大学。

记得报到结束那天，妈妈哭得很伤心，说把我一个人扔在了这个人生地不熟的地方。因为在此前的夜里，我们为了找旅店，走了很多站地，问路也问不到，总感觉到了绝望边缘。

来到中国人民大学，这里平台很大，一切都那么新。我第一次走出小县城，走出吉林省，第一次遇到那些乡音不同的同学。人离开了故乡，便觉得故乡一切都是好的。在人民大学新闻学院，我自认为四年过得也挺成功的。大三那年成了学院的学生会主席，后来做了学生党支部的支部书记，带着班级获得了"北京市十佳班集体"荣誉，自己也获了许多奖项，认识了许多朋友，交心的也不少。

今年寒假，我班级里的三个同学来到吉林调研。我把这三个人带到了农村老家，那个小屯子。老家的院子里遍地是自家养的鸡鸭鹅拉的屎，上的是旱厕，住的是20多年的老房子，吃的喝的也不干净，老乡和你聊天满嘴喷唾沫。乡亲们后来对我说：你怎么好意思把同学带到这个穷地方，多没面子啊。我说没什么，或许他们看着我从这里走出去算是"更有面子呢"。

一个人走到今天，大学马上就毕业了，我对自己此前的生活是满意的，因为我的所有努力都有了回报。前行的路还很长，困难会更多，或许我会遇到比江西那个男生更为尴尬的人生境遇。但是我认为，只要保持着不断冲破现状的韧劲，什么困难和尴尬都是纸老虎。

春节前，腊月二十二，姥姥姥爷一家聚餐，让我们每个孩子准备一段话，我把这段话录在这里，算是这篇文章的结尾：

我的人生走到这里，感恩全家人的一路陪伴。姥姥姥爷一辈子白手起家，从身无分文到今天子孙满堂、家境殷实，靠的就是韧劲。大家都认为我是同辈中的佼佼者，靠的也是韧劲。今天我想和弟弟妹妹分享两点：一，千万要有志气，别服输，别输给任何人。我们和别人比，从来没输在起跑线上，因为没有起跑线。二，别人和我们比父母，我们和别人比未来。你梦想的火种，别被任何冷眼浇灭了。

人一辈子不可能都是顺的，总会摊上点什么事情，金钱上的损失都是小事，早晚都会赚回来，就怕人留在坑里出不来，把自己的信心、梦想以及良好的品质丢掉，那才是最致命的。

很多东西等得太久，往往已不是当初想要的样子。夏天的棉袄，冬天的蒲扇，风雨后的雨伞，心凉后的殷勤，就算得到，也失去了原本的意义。想看的风景，想见的人，等太久期待也会消耗殆尽，错过的年华怎么弥补？很多事不能等，一等，也许就是沧海桑田。想做的事赶紧做，不要给人生等来太多遗憾。

人生就像是一场远行，但请风雨兼程

[01]

前几日，导师六十大寿，师兄弟们前来祝寿，加上我正好10人，凑成一桌。席间，大家先是互道寒暄，彼此了解一下工作情况，接着又聊到了家庭和孩子。

最长的师兄Z大我八届，现在已经是一个设计院的副院长了。按理说，日子应该过得挺潇洒的。可是他一脸愁容，说日子难过。我们不解。

他解释道，他小孩快6岁了，马上要升小学，为了能让他读上条件很好的学校，年前他一狠心，在那所小学附近的楼盘买了套价格颇贵的房子。其实他和老婆的工作单位都离他现在住的小区比较近，但是为了孩子，不得不舍近求远。

后来，我们才知道，Z师兄在他小孩读幼儿园期间，也没少花钱，那所幼儿园光学费就是三万元起。我们说："何必要这样，小区里的幼儿园按理说应该足够了。"Z师兄叹了口气道："不能让孩子输在起跑线上啊。"

这时，沉默了许久的A师兄突然开口道："人这一辈子，又不是百米冲刺，起跑线哪那么重要？路长着呢。"

[02]

A师兄出生在一个十分偏远的小山村，据说现在出入那里也没有一条像样的公路。他家祖上N代务农，终年是面朝黄土背朝天。在这样一个贫困又相对闭塞的村子里，谁都没有想过会有一个大学生横空出世。

A师兄说，他直到来长沙读大学时才知道，原来还有上幼儿园这一说。在他们那儿，顶多就是读一年学前班，就直升一年级，而且那学前班也是可上可不上的。在城里小孩子上幼儿园接受双语教育或者特长培训的时候，他们还在那儿玩泥巴堆石子呢。

他的小学老师是个"全才"，从一年级将他们一直带到六年级，并且兼任所有课程的任课老师。所谓的"所有"，其实也只有四门课：语文、数学、自然和思想品德。所以在他们读小学的时候，从来不会将语文老师、数学老师分得这么清楚，他们只有一个统称，就是班主任。

后来，到了镇上上初中的时候，由于他从来没学过英语，所以第一次英语考试考得一塌糊涂。他说，那是他第一次因为学习上的事情大哭一场。

后来，他像开了挂似的，吃饭的时候在学英语，睡前在读英语，就连上个厕所也在默记单词。那时候也没有所谓的课外辅导书，所有的学习全凭那本教材。到最后，A师兄说他几乎可以将整本书背下来。

从此，A师兄一路高歌猛进，在初中、高中这六年里，他在学校称第二，就没人敢称第一。高考后，他考入了当时所在大学最好的专业——土木工程。在本科和研究生期间,他一如既往地努力着,毕业后,去了一家还不错的施工单位,最近听说,他马上要升任总工的职位。

A师兄说,有时候,他老爹喝了酒,就会拉着他感慨:"要是你生在一个有钱的人家,让你读书的条件好一点,你肯定能进清华,现在的生活也就更好咯。"

每每这时,A师兄就会笑着说:"那谁知道呢!搞不好,就光图享受去了,考不考得上大学还是个问题了。"

是啊,出身富贵,不见得就一定能成功。同样,出身贫寒,也不会注定一败涂地。是英雄,就不惧自己的出身。努力了,坚持了,上天总会给予相应的馈赠,一切还是掌握在自己手中。

[03]

偶尔听到有人抱怨:"我家里就这个条件,要钱没钱,要关系没关系,我能怎么办?"可是,谁说家庭条件不好,输在了起跑线上,就可以心安理得地一路输下去?遇到不顺和失败,就可以将所有的原因都归结于家庭背景?

别那么天真好吗!都是成年人了,要知道,起跑线输了,从来都不是中途不能发力的借口,要是自甘堕落,起跑线多么靠前都是枉然。

人的一生最终还是得自己走完的,靠强大的父母是能走得相对轻松一些,但同时也会在轻松中失去一些个人成长中重要的能力。我们从小就应该懂得,现在所有的一切都是父母的,在艰难的时刻,父母可以帮你一把,但不能时时都指望着父母,我们想要的,最终还是必须由自己去争取。

突然想到一个问题,"不要让自己的孩子输在起跑线上",这句话到底谁用得最多?其实细细一想,无非两个行业:房地产和培训机构。再细细一想,感觉所有的原因就不言而喻了。

人生是一场马拉松,不可能所有的选手都站在同一条起跑线上,也不见得站在最前面的,就一定能赢得比赛。

我们选择不了出身,也选择不了阻碍在我们前进路上的现实困境。但是我们可以选择前进的方式:是跑,是走,是爬,还是原地不动。但不管怎样,请不要随意对自己说,我的人生就到这里了。

人生就像是一场远行,或许我们前半段的道路泥泞不堪,但也请风雨兼程。相比于那些顺风顺水的人,我们无非是走得累些。最多是在登上顶峰之后精疲力竭,但我们确信看到了世间最美的风景。

不要把自己活得像落难者一样,急着告诉所有人你的不幸。总有一天你会发现,酸甜苦辣要自己尝,漫漫人生要自己过,你所经历的在别人眼里都是故事,也别把所有的事都掏心掏肺地告诉别人,成长本来就是一个孤立无援的过程,你要努力强大起来,然后独当一面。

你无法决定明天是晴是雨，爱你的人是否还能留在身边，你此刻的坚持能换来什么，但你能决定今天有没有准备好雨伞，有没有好好爱人以及是否足够努力。永远不要只看见前方路途遥远而忘了自己坚持多久才走到这里。今天尽力做的，虽然辛苦，但未来发生的，都是礼物。

未来有无数可能，你需要逼自己一把

能力都是逼出来的。如果不狠心地逼自己一把，你永远都不会知道你也可以很伟大。

［破釜沉舟，我实现了经济独立］

我跟大家一样，只是一个平凡的大学生。我一直以为只要好好地学习，跟同学处好关系，在老师的心目中留下一个好印象，最后顺顺利利地拿到毕业证就可以了。直到有一天，我们的马哲老师在课堂上说了这样的一番话：

事实上，当你年满18周岁，你的父母对你就已经没有了责任和义务，他给你生活费是出于人道主义，他不给你生活费，那也合情合理，所以请你们不要觉得自己还小，花父母的钱就是天经地义。我怀疑你们很多人离开父母就活不下去。

听完老师这番话，我的内心很复杂，心情也异常沉重。

当时正好参加全国大学生"挑战杯"创业计划大赛，认识了一个很牛的学长，他说他大一开始就不再问父母要钱了。我问他为什么，他说要不出口，尤其是午夜梦回的时候，父母那双布满老茧的双手总是那样悄然入梦，泪水常常打湿枕头。

也许就是从那一刻开始，我想要实现经济独立。但是我一个大学生，每天还要在学校上课，也不可能有太多的时间去外边兼职。

又想自由又想挣钱，这样的工作存在吗？

确实存在。也就是大家平常所说的自由职业。我发现在那么多自由职业当中，唯一能为我带来经济效益的就是我的文字了。于是我开始在微博上搜索关于文案兼职之类的工作。

值得庆幸的是，当时一个网站正在大量招收兼职编辑，而我凭借着还不错的文字功底被录用。但是工资少得可怜，一个月也就几百，刚好够买零食，就别说养活自己了。

这时一个编辑找上我，让我帮忙写家居类的广告文案。就是给你一个杯子或碟子，你就要写一条140字的原创文案，从它的造型材质和用途属性方面写，不能重复。

第一天，写15条广告花了4个小时。持续了一周，我觉得这样下去不行，太浪费时间了，而且工资也不高。但是我暂时找不到合适的兼职，怎么办？

我决定狠心逼自己一次，当机立断地给爸妈打了一个电话，说以后不用给我转账了，我每个月都有收入，可以养活自己。

实际上我当时的账户余额只有可怜的三四百元，距离收工资还剩20天，自己本身又是一个吃货。那段日子，绝对是我有史以来最狼狈的，没有之一。

因为完全没有退路，我又是那种拉不下面子跟朋友借钱的人，只能主动跟编辑说增加工作量。每天写50条广告文案，7000字，而且写来写去都是各种盘子碟子杯子床单被罩，不能有重复的语句，还要原创，每天都在绞尽脑汁，好几次写到头脑爆炸，就想撒手不干了。可是不干就没钱，只能咬牙坚持。并且顺利地实现了从之前写15条需要4个小时变成3个半小时写50条的转变。

截止到今天，我已经写了好几千条的家居文案。每天写来写去都是那几样东西，就连材质用途都一样，但是我却能将它写得每条都不一样。如果很久之前，有人跟我说这件事，我一定会觉得是天方夜谭。但是摆在今天，我只想说一句：一切皆有可能，人的能力总是能在某些特殊的情况下被激发出来，给你惊喜。

当然，除了每天写7000字的文案，我还要定期在其他的写作平台写一些文章，在练手的同时享受一下存在感，顺带给自己带来一些额外的收入。

有时候，人真的需要把自己往死里逼。只有那样才能激发你潜藏的才能，让你知道自己也可以是一个很牛的人。

[留了后路=没有退路]

我是一个永远都不会给自己留后路的人。因为一旦留了后路就会存在侥幸心理，遇到困难和挫折就会想着这条路走不通可以走另一条路，很容易让自己在众多的理由和借口中忘记努力的目标和意义。所以我从一开始就选择了一条适合我的路，一直走到头，不给自己留下丝毫转折的余地。

当你一点退路都没有的时候，你就会逼着自己想方设法地去解决眼前的难题，而不是三心二意，最后一事无成。

从我一上大学开始，就有人说"毕业就面临失业"。我曾一度非常抗拒毕业这个沉重的话题，但是没办法，该来的还是要来，你没有办法拒绝。

一到大四,我的目标很明确,就是找工作,不考公务员也不考研。因为清楚自己需要的是什么,也明白自己该如何去坚持,所以我很快就得到了自己想要的工作。而有的朋友则不是,因为一开始就给自己留了无数的退路,所以才会不停地错过机遇。

小月是我的闺蜜,她的目标算是比较明确,考公务员。但是她一开始的时候就想着参加国考试试水,考不上还有省考,再不济还有地方的企事业单位的招考。应该有很多人跟她的想法一样,但是最后的结果是,她现在连省考和地方考试都没有通过。

前几天她给我打电话,她说当初就不应该给自己留下太多的退路,不然国考的面试就过了。因为她一直想着自己的机会还多,国考的笔试考了137分,面试的时候就没有好好准备,存在着考不过还有省考的心理,结果面试出来就蒙了。本来是很简单的面试题,因为自己没有充分准备,到手的职位就那样拱手让人了。

不给自己留退路,你就会狠心地逼自己咬牙去坚持。要相信,人的潜能是无法估量的,达到某一个固定的值就会爆发出无穷的力量。

[你不是没能力,只是没有将自己逼上梁山]

如果你问我这辈子最佩服的人是谁,我会毫不犹豫地告诉你,是我表哥。

表哥叫阿杰,因为姑丈和姑妈希望他成为一个杰出的人。很可惜,阿杰表哥从小就不喜欢读书,14岁那年退了学,一个人前往广东打拼。17岁的时候买了自己的第一辆小轿车,21岁的时候赚了自己人生当中的第一个100万。

是不是听着觉得很励志,还有点假?很多人听到的都是这个版本,而我听到的却是另一个版本。你想听吗？

14岁的少年，血气方刚，有梦还有远方，但是现实非常残酷。到了广东之后人生地不熟，还没有到法定的工作年龄，只能做一些手工，一天挣十几元钱，连住的地方都没有，只好跟一群流浪汉住在天桥底下，或蜷缩在公园的石凳上。

每天晚上与漫天的繁星做伴，每天早上有暖阳唤醒，听着很唯美，可是，生病的时候看不起病，下雨的时候找不到躲避的地方，陌生的城市里，连一个熟悉的人都没有，就连梦中的内容都和挣钱有关。你还觉得美吗？

他就这样挣扎了一年，某天在路上帮助一个人修车，没想到因为自己的善良，遇到了贵人。那是一个修车厂的师傅，闲聊中知道阿杰表哥还属于无业游民，便说可以给他一份工作，每个月只有600元，不过包吃包住。这对于当时的阿杰表哥来说，就是天上掉下的馅饼，他毫不犹豫地答应了。

其他学徒工都是踩着上班的时间点姗姗来迟，而阿杰表哥很早就起床，主动给师傅做早餐，提前去修车厂打扫卫生。平常还给师傅洗衣服、跑腿。

我问他："累吗？"

他说："我已经没有退路了，既然已经做出选择，爬着也要走完。"

一年之后，阿杰表哥因为技术精湛，在师傅的支持下自己开了一个小店，每天起早贪黑，除了工作，还花时间去报名参加了汽车音响的培训班。

当时汽车音响刚在佛山地区出现，但是很快就流行起来了。阿杰表哥凭着明智的投资和逼自己的狠劲，挣了一万多元，买了一辆二手车。

接下来的事情在大家看来是顺理成章的事，但是只有阿杰表哥知道，自己的成功并不像别人看起来那样轻松。

当一个人将自己逼上梁山时，想不成功都难。

很多时候，我们不是没有能力，而是你从来都舍不得逼自己一把。不逼自己，你就不知道自己也可以成为一个不容小觑的大人物。

一个人为什么要努力？为一份长久的事业，为一对操劳的父母，为一场纯粹的感情，也为一个更好的自己。虽然未来总是未知，但只要你肯努力，你想要的，岁月都会给你。